U0054303

我的素食餐桌日常

：中式、異國、蔬食、湯品的素食新提案

Preface.

作者序

《我的素食餐桌日常：中式、異國、疏食、湯品的素食新提案》這是一本以愛為出發的食譜書：

愛家人

透過蔬素食可減輕身體負擔，且蔬菜好消化、代謝快、對身體負擔輕。

愛自己

多食蔬素食，能降低罹患心血管疾病之風險。

愛地球

攝取動物性食物，也會間接造成環境的破壞，動物排放二氧化碳、甲烷等氣體會使地球暖化，因此少吃肉有助於減輕地球暖化。

愛動物

透過食用蔬素食，亦是尊重生命的同理心表現。

這本充滿愛的素食料理書，是我從學徒、中工、師傅、主廚、行政主廚、老師、教授，所做過授課，將從事餐飲 30 餘年的實際、廚務、授課、創新、經驗融合為一的心得呈現，希望料理新手、煮婦／夫們可以跟著我的步驟，一起完成愛的素食餐桌，也能享受自己所烹飪美食之餘也能兼顧養生之道。

本書出版感謝廚藝界的前輩、長官的提拔、栽培和指導，感謝陶雅餐具台中旗艦店，特別感謝明道大學餐旅管理系及學生的協助幫忙，才能圓滿成功。

明道大學專技助理教授

關保祐 謹誌

⊙ 現職

明道大學專技助理教授、勞動部中彰投廚藝講師、中華餐旅文化交流協會理事、中華民國全國義廚聯合會理事長

⊙ 專業證照

中餐烹調葷食乙級、中餐烹調葷食丙級、西餐烹調丙級

⊙ 活動教學經歷

世界美食藥膳名師、生態共和祭活動義廚、台灣餐飲產業工會理事、高雄第一屆金廚盃評審、媽祖美食節全國技能人大賽評審、台中市大肚區磺溪社區發展協會講師、台灣美食國際交流協會教育訓練執委、2015 年國際台灣餐飲挑戰賽規劃委員、2019 台東成功三仙台馬拉松餐飲指導、勞動部勞動力發展屬傳統小吃創業班講師、雲林縣勞工職業技能促進會丙級證照講師

⊙ 得獎經歷

生態共和祭銀牌、第一屆金廚盃特金獎、聚初心客醬展藝金牌、第七屆國際美食養生比賽金牌、第八屆國際美食養生比賽金牌、國際美食養生烹調觀摩大賽（靜態）金牌、國際美食養生烹調觀摩大賽（動態）銀牌

Foreword.

推薦序

吃素食，很簡單

吃素食，很簡單！但是要吃到兼具料理藝術，料理精神與健康的料理，就不容易了！很多人在料理素食餐點時，往往忽略了：素食料理除了需要兼顧色香味外，也需要兼顧健康與營養！

關保祐老師這一本素食料理書籍，教授大家除了如何製作素食外，更兼顧了美學與營養。讓吃素不僅能成為全一種流行，同時也能兼顧全家人的營養與健康！以色香味而言，關保祐老師進入廚藝的領域已經 30 餘年，精通日式料理，異國料理以及台菜等集各式料理之大全！

在書中，素食料理不僅化身成為日式懷石料理，更有異國料理如紅菜西班牙燉飯，又如台式料理：梅乾味苦瓜等，關保祐將素食料理的元素更加提升，幻化成多元化料理呈現。就健康與營養而言，關保祐老師融入四季，符合時令，且以健康少油，無添加等考慮到每一位食素者的健康與身心，更以日式懷石料理的職人精神，帶入養生新境界！

好書值得推薦，兼顧全家人的料理書，更是需要強力推薦！

弘光科大特聘教授、天下第一刀

廖清池

Foreword.

推薦序

過去中國人吃齋菜，是件不容易的事，高級的還得到寺廟去預約，身份位階也是考慮安排高僧敬陪的考量！而民間的吃素、講究的就沒那麼多了，但會去吃素、不外乎是一個「敬」字！這敬神！敬鬼！敬祖先……演化到現今的過程中，把健康、營養的元素加進的就更豐富了。

二十多年前我就在電視節目教素食，每週五集，每天兩道（有一道是以健康養生為主題）一下子主持約七年，我的助理幫我算了算，扣掉來賓的、我設計的、快一千五百多道……自己都嚇了一跳，從還是佛光衛視一直到後來的人間衛視……節目中我一直想打破吃素的嚴肅，把輕鬆與簡單作為主軸，並摻和了很多菜系的作法，甚至外國的烹調元素！

然而任何一個學問的衍生，到了某個關卡，如果說沒有遇見瓶頸，那是假的，我告訴我得停停了……。

新一代的保祐出來了，雖然是本家常味兒，但整個編輯，書的畫面處理，都比我的那個年代都進步了，現在的年輕讀者，更能接受混搭的菜餚，保祐師傅一直樂於工作，樂於上進，他的菜餚與字裡行間也給了我一些靈感！

他的書、沒有以前吃齋的神秘，更沒有宗教的約束，陽光灑在他每一道食物裡、喜悅流露在菜餚的畫面中……。

對保祐的期許只有一句：「再接再勵。」

美食專家

梁幼祥

台灣經過經濟強力發展，逐漸進入開發國家後，對於飲食的要求，不再像以前將「大大肉」為吃飽喝足的的富貴象徵。取而代之的，國人飲食逐漸以精緻化與客製化為飲食風格！尤其受到歐美的健康飲食影響，台灣飲食文化，開始走向多菜少肉。或有部分人士受宗教觀念影響，也不再殺生吃肉，而是用蔬食／素食料理取代三餐。

雖然目前市場上，吃素食的人仍佔少數，但是就台灣餐廳及各式料理發展來看，素食餐廳有增無減，甚至許多大型宴會餐廳，也都能預約素食團餐，可見素食或是蔬食料理，是未來一塊相當大的發展版圖！

關保祐老師這次嘔心瀝血的素食料理書籍，除了我們常吃的中式素食料理外，更多方參考其他國家的素食料理及應用，融合中式（台灣）素食料理、日式、歐式素／蔬食，集結成一本融會古今，貫通中西的素食食譜大全。想怎麼做素食料理應用，想如何調整出最適宜的素食醬料，或是利用素食做成各式養生湯品，都能在這本書中，找到靈感與發想。

錦芳食品有限公司負責人

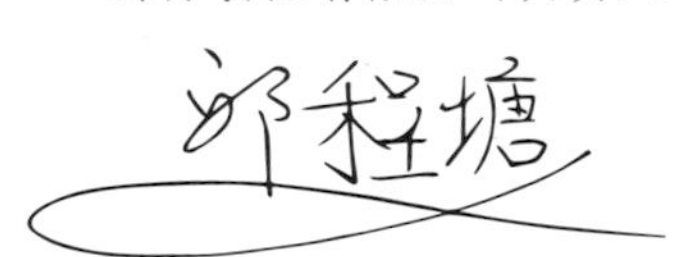

認識關保祐師傅，就像他的名字一樣，都能得到「保祐」，在很多的公益場合中，都會看到他的身影，帶著各地的主廚們一起用廚藝技術，來為弱勢團體烹調出美味又健康的饗宴。

不論在業界或是學界，總是能看到他的身影，帶著年輕廚師們學習，或是教育餐飲科系的學生，這本「我的素食餐桌日常」新書，內容包含了：中式、異國、蔬食與湯品等單元，不論是菜單設計或是作法，都是以家庭烹調方式為主，淺顯易懂，方便又實用！真的是你特別值得收藏的一本食譜書，身為專業主廚或是一般民眾，透過這本書，都可以學到關保祐師傅 30 多年的廚藝經驗與技術，烹調出健康素美食，「保祐」你一家人的健康。

台北儂來餐飲 餐飲總監

CONTENTS

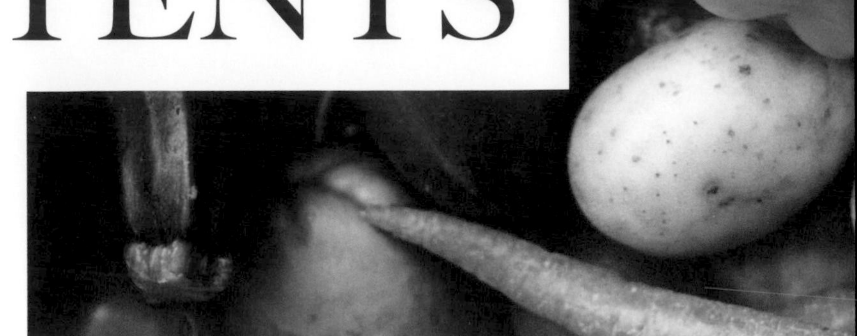

SAUCE
醬料

CHAPTER. 01

EXOTIC VEGETARIAN
異國素食

CHAPTER. 02

CHINESE VEGETARIAN
中式素食

CHAPTER. 03

VEGETARIAN FOOD
蔬食

CHAPTER. 04

SOUP
湯品

CHAPTER. 05

基礎介紹
BASIC INTRODUCTION

操作料理之前

- **若備好的蠔油不易倒入，可以先加水稍微稀釋。**
- **1 大匙為 15cc，1 小匙為 5cc。**

- **調製麵糊**（比例｜麵粉：水＝4:2）

01 取一碗，倒入麵粉。

02 加入飲用水後，以湯匙拌勻。

03 如圖，完成麵糊調製。

- **調製太白粉水**（比例｜太白粉：水＝3:1）

準備一碗水，倒入太白粉拌勻，即完成太白粉水調製。

CHAPTER

醬料 SAUCE

SAUCE / 01

素肉燥

使用材料 INGREDIENTS

食材

① 乾香菇(切丁) …… 5朵
② 乾素碎肉 …… 120g
③ 八角 …… 2粒
④ 辣椒(切丁) …… 1條
⑤ 薑(切末) …… 5g
⑥ 榨菜(切小丁泡水) …… 1粒
⑦ 香菜(切碎) …… 10g

調味料

⑧ 醬油 …… 3大匙
⑨ 蔬菜高湯 …… 3大匙
(請參考 P.160 製作蔬菜高湯。)
⑩ 素蠔油 …… 3大匙
⑪ 糖 …… 15g

步驟說明 STEP BY STEP

前置作業

01 將素碎肉泡飲用水以去除豆味，並瀝乾水分，備用。

02 將榨菜切小丁，泡飲用水以去除鹹味，並瀝乾水分，備用。

03 將辣椒切丁；香菜切碎；薑切末，備用。

烹煮、盛盤

04 在鍋中倒入適量食用油後加熱，加入香菇丁炒香。

05 加入素碎肉，炒至收汁。

06 加入八角、辣椒丁、薑末，拌炒均勻。

07 從鍋邊倒入醬油嗆香。

08 加入素蠔油、蔬菜高湯、糖，以小火煮8分鐘。

09 加入榨菜丁，再煮10分鐘，為素肉燥。

10 煮至收汁後，以筷子將八角取出。

11 將素肉燥盛盤，並撒上香菜碎，即可享用。

素肉燥製作動態 QRcode

SAUCE / 02

千島醬

使用材料 INGREDIENTS

① 水煮蛋 …… 1 個
② 酸黃瓜(切碎) …… 3 條
③ 美乃滋 …… 1 杯
④ 番茄醬 …… 75g
⑤ 美極鮮味露 …… 5cc
⑥ 辣椒油 …… 5cc
⑦ 檸檬汁 …… 5cc
⑧ Tabasco 辣椒水 …… 5cc
⑨ 巴西利(切碎) …… 1g

步驟說明 STEP BY STEP

01 在鍋中放入冷水，加入雞蛋煮至熟，取出後剝殼，為水煮蛋。

02 將酸黃瓜、巴西利、水煮蛋切碎，備用。

03 將酸黃瓜碎倒入水煮蛋碎中。

04 加入美乃滋、番茄醬、辣椒油。

05 加入美極鮮味露、檸檬汁、Tabasco 辣椒水，拌勻。

06 加入巴西利碎，拌勻。

07 盛碗，即可使用。

02

03

04

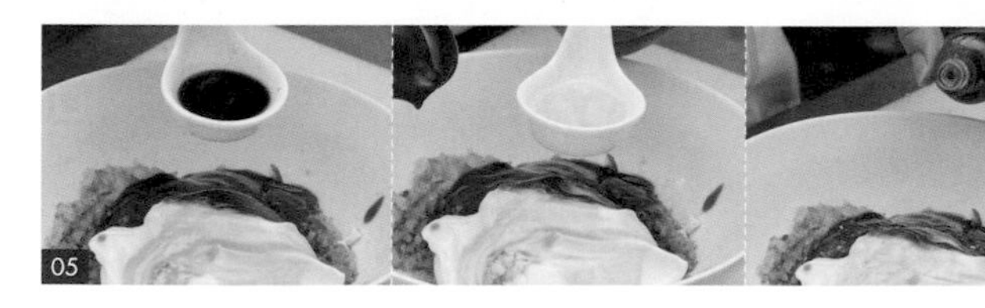
05

06

千島醬製作動態 QRcode

SAUCE / 03

無蛋沙拉醬

使用材料 INGREDIENTS

食材
① 冷壓橄欖油 …… 480cc
② 鮮奶油 …… 120cc
③ 檸檬汁 …… 60cc

調味料
④ 糖 …… 60g
⑤ 鹽 …… ¼ 小匙

步驟說明 STEP BY STEP

01　準備一鋼盆，倒入糖、鹽、½的冷壓橄欖油。

02　以電動攪拌器將糖、鹽、冷壓橄欖油打勻。

03　慢慢加入剩下的½冷壓橄欖油，並以電動攪拌器持續攪拌。

04　慢慢加入鮮奶油，並以電動攪拌器持續攪拌至油水結合。

05　慢慢加入檸檬汁，並以電動攪拌器持續攪拌至油水結合。

06　盛碗，即可使用。

01

02

03

04

05

06

無蛋沙拉醬製作
動態 QRcode

SAUCE / 04

塔塔醬

使用材料 INGREDIENTS

① 酸黃瓜 ······ 2 條
② 水煮蛋 ······ 1 個
③ 美乃滋 ······ 1 杯
④ 檸檬汁 ······ 5cc
⑤ 巴西利 ······ 1g

步驟說明 STEP BY STEP

01 在鍋中放入冷水，加入雞蛋煮至熟，取出並剝殼，為水煮蛋。

02 取一容器，將酸黃瓜切碎，並倒入容器中。

03 將巴西利切碎，倒入容器中。

04 將水煮蛋切碎，倒入容器中。

05 加入美乃滋、檸檬汁。

06 拌勻後盛碗，即可使用。

塔塔醬製作動態
QRcode

SAUCE/05

蜂蜜芥末醬

使用材料 INGREDIENTS

① 美乃滋 ········ 1 杯
② 蜂蜜 ········ 30g
③ 法式芥末醬 ········ 45g

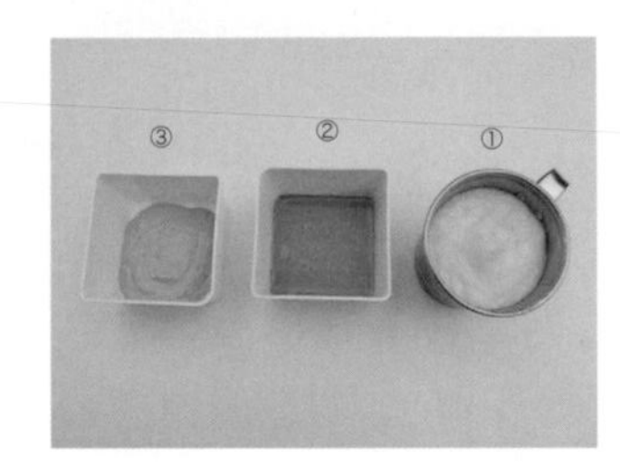

步驟說明 STEP BY STEP

01 取一容器，倒入美乃滋。

02 加入蜂蜜、法式芥末醬，拌勻。

03 盛碗，即可使用。

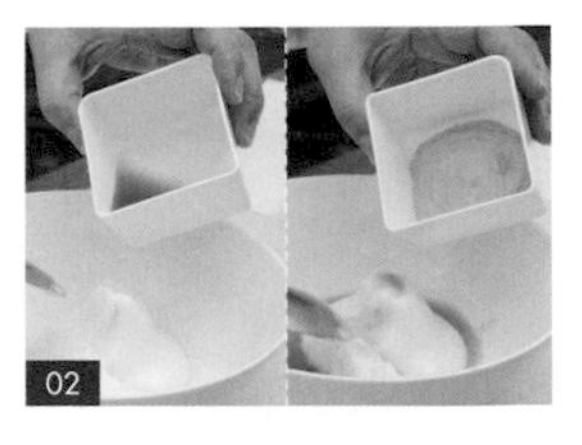

蜂蜜芥末醬製作
動態 QRcode

SAUCE / 06

香草奶油醬

使用材料 INGREDIENTS

① 有鹽奶油 ………… 350g
② 巴西利粉 ………… 15g
③ 迷迭香粉 ………… 15g
④ 匈牙利紅椒粉 …… 3g
⑤ 帕馬森起司粉 …… 30g

步驟說明 STEP BY STEP

01 將有鹽奶油靜置常溫回軟。

02 取一容器，倒入有鹽奶油。

03 加入巴西利粉、迷迭香粉。

04 加入匈牙利紅椒粉、帕馬森起司粉，拌勻。

05 盛碗，即可使用。

香草奶油醬製作
動態 QRcode

SAUCE/07

巴薩米克油醋醬

使用材料 INGREDIENTS

① 冷壓橄欖油 …… ½ 杯
② 糖 …… 30g
③ 鹽 …… 5g
④ 巴薩米克醋 …… 75cc

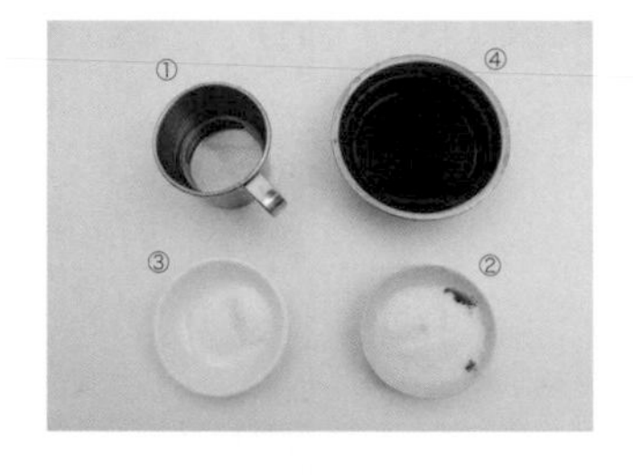

步驟說明 STEP BY STEP

01 取一容器，倒入冷壓橄欖油。

02 加入糖、鹽，並以湯匙拌勻。

03 慢慢加入巴薩米克醋，並持續攪拌均勻。

04 盛碗，即可使用。

巴薩米克油醋醬
製作動態 QRcode

01

02

03

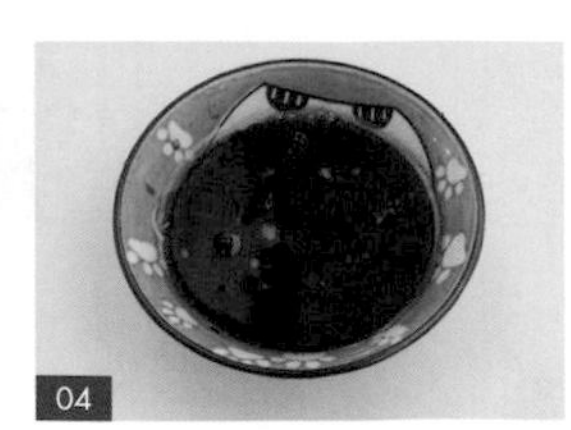

04

SAUCE/08

檸檬油醋汁

使用材料 INGREDIENTS

① 鹽 ⋯⋯⋯⋯⋯⋯ 5g
② 檸檬汁 ⋯⋯⋯⋯ 45cc
③ 濃縮柳橙汁 ⋯⋯ 90g
④ 白酒醋 ⋯⋯⋯⋯ 90cc
⑤ 冷壓橄欖油 ⋯⋯ 75cc

步驟說明 STEP BY STEP

01 取一容器，倒入鹽、檸檬汁、濃縮柳橙汁、白酒醋。

02 慢慢加入冷壓橄欖油，並持續攪拌均勻。

03 盛碗，即可使用。

檸檬油醋汁製作
動態 QRcode

SAUCE / 09

紅酒醋汁

使用材料 INGREDIENTS

① 冷壓橄欖油 …… 75cc
② 糖 …… 45g
③ 鹽 …… 5g
④ 黃甜椒（切小丁）…… 35g
⑤ 紅甜椒（切小丁）…… 35g
⑥ 紅酒醋 …… 90cc
⑦ 黑胡椒粒 …… 5g

步驟說明 STEP BY STEP

前置作業

01 將黃甜椒、紅甜椒切小丁，備用。

紅酒醋汁製作

02 取一容器，倒入冷壓橄欖油。

03 加入糖、鹽、黃甜椒小丁。

04 加入紅甜椒小丁、紅酒醋、黑胡椒粒，並以湯匙拌勻。

05 盛碗，即可使用。

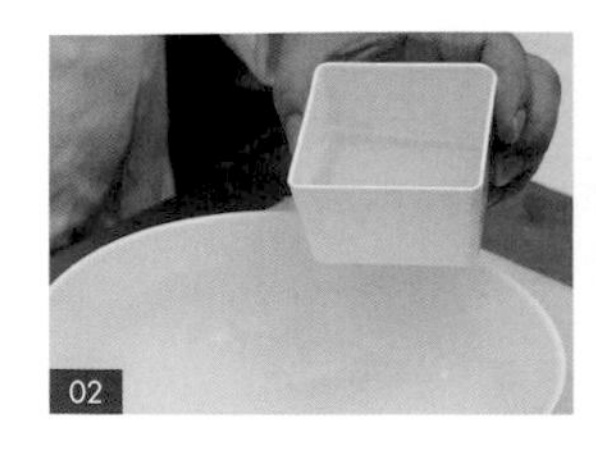

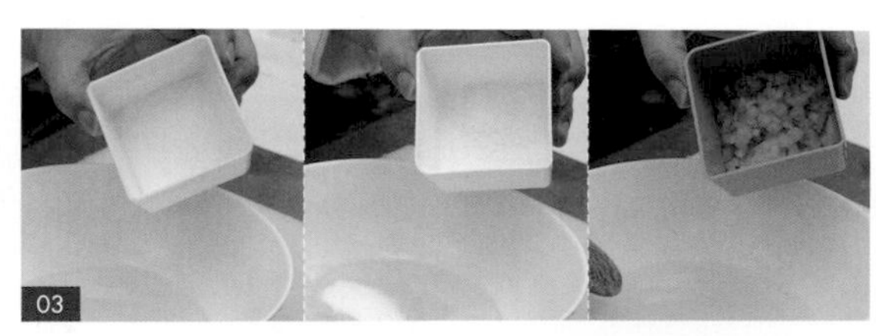

紅酒醋汁製作
動態 QRcode

SAUCE / 10

天香麻辣醬

使用材料 INGREDIENTS

食材

- ① 辣椒（切段）……10條
- ② 小辣椒（切對半）……10條
- ③ 草果……5個
- ④ 丁香……10g
- ⑤ 白荳蔻……10g
- ⑥ 花椒……10g
- ⑦ 香葉……10片

調味料

- ⑧ 豆豉……30g
- ⑨ 豆瓣醬……20g
- ⑩ 花椒粉……30g
- ⑪ 肉桂粉……5g
- ⑫ 沙姜粉……5g
- ⑬ 辣椒粉……50g
- ⑭ 小茴香粉……5g
- ⑮ 飲用水……100cc
- ⑯ 沙拉油……250cc
- ⑰ 鹽……15g
- ⑱ 糖……15g

步驟說明 STEP BY STEP

前置作業

01 將辣椒切段，小辣椒切對半，豆豉切碎，備用。

02 將辣椒、小辣椒放入食物調理機中打碎，為辣椒碎，備用。

豆瓣醬汁製作

03 取一容器，加入豆豉碎及豆瓣醬。

豆豉切碎。

辣椒碎。

豆豉碎倒入豆瓣醬混合。

04 加入花椒粉、肉桂粉、沙姜粉、辣椒粉、小茴香粉、飲用水，以筷子拌勻，即完成豆瓣醬汁製作。

天香麻辣醬製作

05 在鍋中倒入沙拉油後，加熱至60度。

06 加入草果，以小火煉製天香油。

07 加入丁香、白荳蔻、花椒、香葉。

08 以濾網為輔助，將香料濾除，為天香油。

09 在鍋中倒入天香油後加熱，加入辣椒碎爆香。

10 加入豆瓣醬汁，以筷子拌炒。

11 加入鹽、糖，以小火炒5分鐘。

12 盛碗，放涼即可使用。

花椒粉、肉桂粉、沙姜粉、辣椒粉、小茴香粉、飲用水，豆瓣醬汁完成。

草果。

丁香、白荳蔻、花椒、香葉。

辣椒碎。

豆瓣醬汁。

鹽、糖。

天香麻辣醬製作
動態 QRcode

CHAPTER

2

異國素食

EXOTIC VEGETARIAN

EXOTIC VEGETARIAN / **01**

生菜素鴿鬆

使用材料 INGREDIENTS

食材

① 餛飩皮(切細絲)……10 張
② 美生菜……1 粒
③ 素火腿(切小丁)……100g
④ 小豆干(切小丁)……3 片
⑤ 青豆仁……30g
⑥ 馬蹄(切小丁)……5 個
⑦ 紅甜椒(切小丁)……¼ 粒
⑧ 黃甜椒(切小丁)……¼ 粒
⑨ 乾香菇(切小丁)……3 朵
⑩ 薑(切末)……5g
⑪ 芹菜(切碎)……50g
⑫ 大黃瓜(對切)……1 截
⑬ 松子(炸過)……適量

調味料

⑭ 糖……1 小匙
⑮ 五香粉……1 小匙
⑯ 白胡椒粉……1 小匙
⑰ 鹽……1 小匙
⑱ 香油……1 小匙

步驟說明 STEP BY STEP

前置作業

01 將乾香菇放入冷水中泡軟；松子過油。

02 將素火腿、小豆干、香菇、紅甜椒、黃甜椒、馬蹄切小丁，芹菜切碎，薑切末，大黃瓜對切，備用。

03 將餛飩皮切成細絲。

04 將餛飩皮絲下鍋炸至金黃酥脆後撈起。

05 將餛飩皮絲盛盤。

06 將美生菜去梗後，切成手掌大小，裝飾盤邊。

餛飩皮切絲。

炸餛飩皮絲。

美生菜裝飾。

川燙

07 準備一鍋水，煮滾，倒入素火腿小丁。

08 加入小豆干小丁、青豆仁、馬蹄小丁、紅甜椒小丁、黃甜椒小丁、香菇小丁。

09 將鍋內食材撈起後，瀝乾水分，為川燙食材，備用。

組合、盛盤

10 在鍋中倒入適量食用油後加熱，加入薑末爆香。

11 將川燙食材加入鍋中。

12 加入芹菜碎、糖。

13 加入五香粉、白胡椒粉、鹽提味，拌炒均勻。

14 加入香油，稍微拌炒後，盛盤，即為素鴿鬆。

15 將大黃瓜切成薄片後，裝飾盤邊。

16 撒上松子，即可享用。

生菜素鴿鬆製作
動態 QRcode

素火腿小丁。

小豆干小丁、青豆仁、馬蹄小丁、紅甜椒小丁、黃甜椒小丁、乾香菇小丁。

撈起，瀝乾。

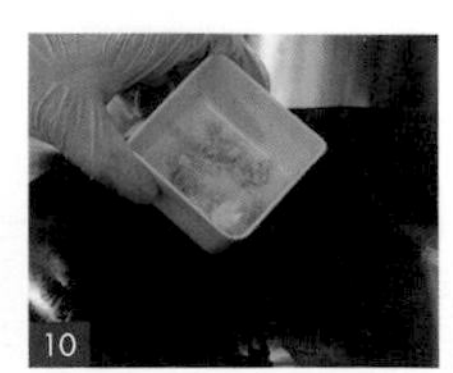

薑末。

川燙食材。

芹菜碎、糖。

五香粉、白胡椒粉、鹽。

香油。

EXOTIC VEGETARIAN / 02

涼拌酪梨豆腐

使用材料 INGREDIENTS

食材
- ① 嫩豆腐(切小丁)……1 盒
- ② 酪梨……250g
- ③ 醬油膏……1 大匙

調味料
- ④ 素香鬆……1 大匙
- ⑤ 香油……1 小匙

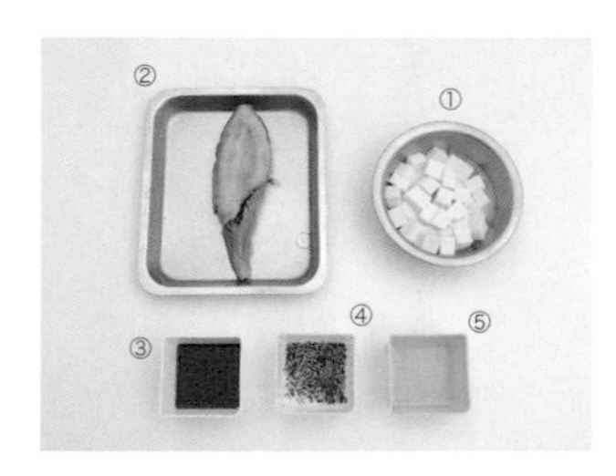

步驟說明 STEP BY STEP

01 將嫩豆腐切小丁。

02 將水煮滾後，倒入嫩豆腐小丁川燙，放涼後盛盤。

03 將酪梨去皮去籽後切丁，盛盤。

04 加入醬油膏、素香鬆、香油，拌勻，即可享用。

涼拌酪梨豆腐
製作動態 QRcode

嫩豆腐切小丁。

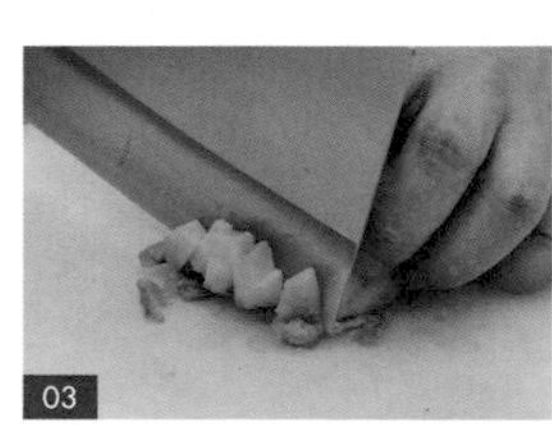

酪梨切丁。

醬油膏、素香鬆、香油。

香椿脆皮豆腐

使用材料 INGREDIENTS

食材
- ① 百頁豆腐（切條）……1塊
- ② 香椿醬……1大匙
- ③ 辣椒（切末）……1條

調味料
- ④ 鹽……1小匙
- ⑤ 黑胡椒粒……1小匙
- ⑥ 香油……1小匙
- ⑦ 脆酥粉……5大匙
- ⑧ 飲用水……2大匙

步驟說明 STEP BY STEP

前置作業

01 將辣椒切末。

02 將百頁豆腐切條後，加入香椿醬拌勻，醃20分鐘，備用。

麵糊調製

03 在脆酥粉中加入飲用水。

04 加入辣椒末、鹽、黑胡椒粒、香油，以湯匙拌勻，即完成麵糊製作，備用。

烹煮、盛盤

05 將百頁豆腐條放入麵糊中，並以筷子拌勻。

06 熱油鍋至150度後，放入百頁豆腐條，炸至表面金黃。

07 將百頁豆腐條撈起後，瀝乾油分。

08 盛盤，即可享用。

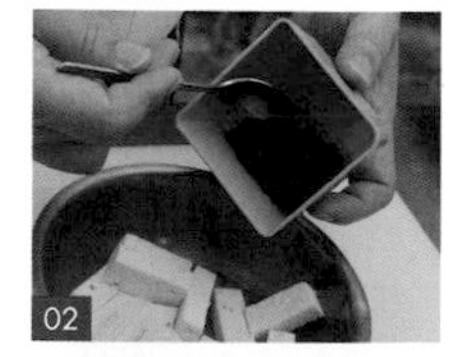

香椿醬。

飲用水。

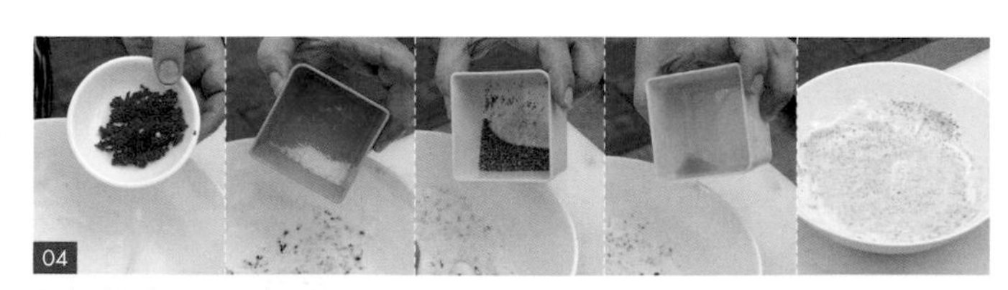

辣椒末、鹽、黑胡椒、香油。

裹上麵糊。

炸百頁豆腐。

撈起，瀝乾。

香椿脆皮豆腐
製作動態 QRcode

紅龍果蘆筍香蘋手捲

使用材料 INGREDIENTS

食材
① 廣東A菜……5葉
② 美生菜（切絲）……½粒
③ 紅龍果（打成泥）……½粒
④ 小蘋果（切條）……1粒
⑤ 蘆筍……1把
⑥ 苜蓿芽……1兩
⑦ 燒海苔……5片

調味料
⑧ 沙拉醬……50g
（請參考P.12製作沙拉醬。）
⑨ 花生粉……30g

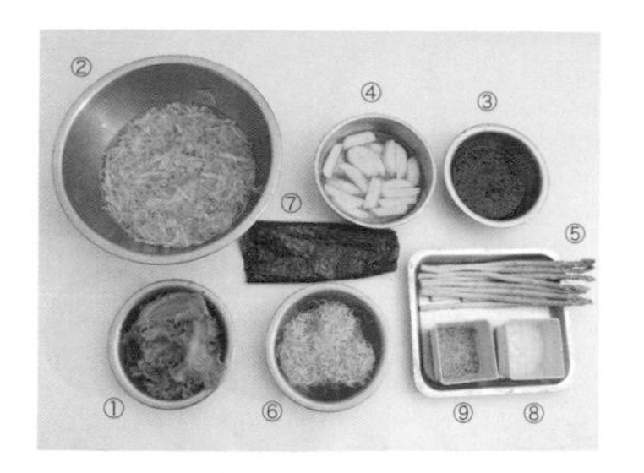

步驟說明 STEP BY STEP

前置作業

01 將廣東A菜切成手掌大小，將美生菜去梗後切絲，蘆筍切段，小蘋果切條，備用。

02 將美生菜絲放入冰水，備用。

03 將蘋果條放入鹽水以防止變色，取出後瀝乾水分，備用。

04 將紅龍果打成泥，並加入沙拉醬拌勻，為醬汁，備用。

05 將蘆筍放入滾水中川燙後取出，再放入冰水冰鎮，備用。

手卷製作

06 將廣東A菜在桌上攤平擺放。

07 放入美生菜絲、醬汁、蘋果條、蘆筍段、花生粉、苜蓿芽，即完成內餡。

08 將燒海苔切對半。

09 在左側放上內餡，並將海苔左下角往右上摺，以包覆內餡。

10 順勢將海苔捲成圓錐形，即可享用。

廣東A菜攤平。

美生菜絲、醬汁、蘋果條、蘆筍段、花生粉、苜蓿芽，內餡完成。

燒海苔切對半。

放上內餡，包覆。

捲成圓錐。

紅龍果蘆筍香蘋手捲
製作動態 QRcode

野菇墨西哥捲餅

使用材料 INGREDIENTS

食材

① 杏鮑菇(對切) …… 150g
② 冷壓橄欖油 …… 2 大匙
③ 紅甜椒(切絲) …… 25g
④ 黃甜椒(切絲) …… 25g
⑤ 墨西哥餅皮 …… 2 張
⑥ 起司絲 …… 30g

調味料

⑦ 迷迭香粉 …… 1 小匙
⑧ 黑胡椒粒 …… 1 小匙
⑨ 鹽 …… ½ 小匙
⑩ 巴薩米克油醋醬 …… 30g
(請參考 P.16 製作巴薩米克油醋醬。)

步驟說明 STEP BY STEP

前置作業

01 將杏鮑菇對切後，表面切格子花刀；紅、黃甜椒切絲。

內餡製作

02 熱鍋後，放入對切杏鮑菇，乾煎至雙面金黃，取出備用。

03 在鍋中倒入冷壓橄欖油，並加入紅、黃甜椒絲拌炒。

04 加入迷迭香粉、黑胡椒粒、鹽、巴薩米克油醋醬拌炒，取出備用。

墨西哥捲餅製作

05 將墨西哥餅皮在桌上攤平擺放後，放入對切杏鮑菇。

06 撒上起司絲，放入紅、黃甜椒絲，即完成內餡。

07 將墨西哥餅皮由下往上捲製，並包起內餡，即完成墨西哥捲餅製作。

烹煮、盛盤

08 將墨西哥捲餅下油鍋稍微煎過，以融化起司絲。

09 將墨西哥捲餅取出並斜切對半，擺盤，即可享用。

煎杏鮑菇。

冷壓橄欖油、紅甜椒絲、黃甜椒絲。

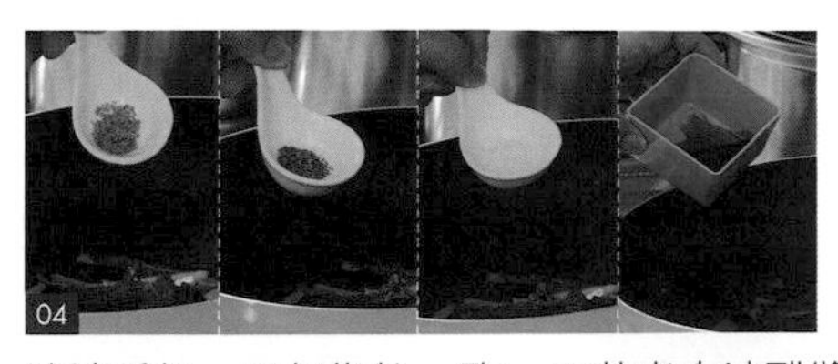

迷迭香粉、黑胡椒粒、鹽、巴薩米克油醋醬。

杏鮑菇。

起司絲、紅甜椒絲、黃甜椒絲。

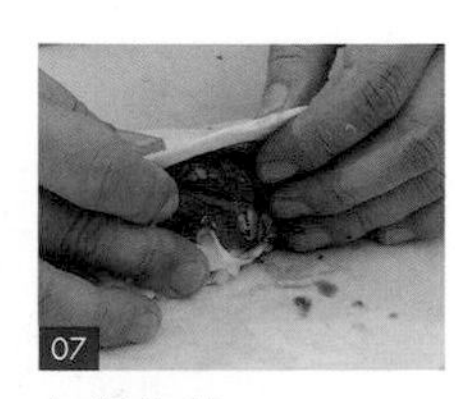

包起內餡。

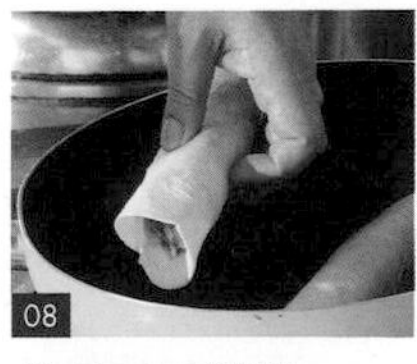

煎墨西哥捲餅。

野菇墨西哥捲餅製作動態 QRcode

杏片水果素春捲

使用材料 INGREDIENTS

食材

① 春捲皮 …………… 12張
② 小黃瓜（切條） ……… 1條
③ 愛文芒果（切條） …… 1粒
④ 罐頭水蜜桃（切片） …………… 1粒
⑤ 沙拉醬 …………… 100g
（請參考P.12製作沙拉醬。）
⑥ 杏片 …………… 200g
⑦ 麵粉 …………… 15g
⑧ 飲用水 …………… 2大匙

步驟說明 STEP BY STEP

前置作業

01 將愛文芒果去皮切條，罐頭水蜜桃切片，小黃瓜去籽切條，備用。

02 在麵粉中加入飲用水，調成麵糊，備用。

春捲製作

03 將春捲皮在桌上攤平擺放後，放入小黃瓜條、芒果條、水蜜桃片、沙拉醬，為內餡。

04 將春捲皮由下往上摺，以包起內餡。

05 將春捲皮兩側向內摺。

06 承步驟5，用雙手抓住春捲兩側向前捲至1/10處。

07 在春捲1/10處塗抹麵糊後，向前捲起以固定封口處，即完成春捲製作。

烹煮、盛盤

08 將春捲表面沾上麵糊。

09 在麵糊上沾上杏仁片，即完成春捲。

10 熱油鍋至160度後，放入春捲，炸至表面金黃。

11 將春捲撈起後，瀝乾油分，盛盤，即可享用。

02 麵糊。

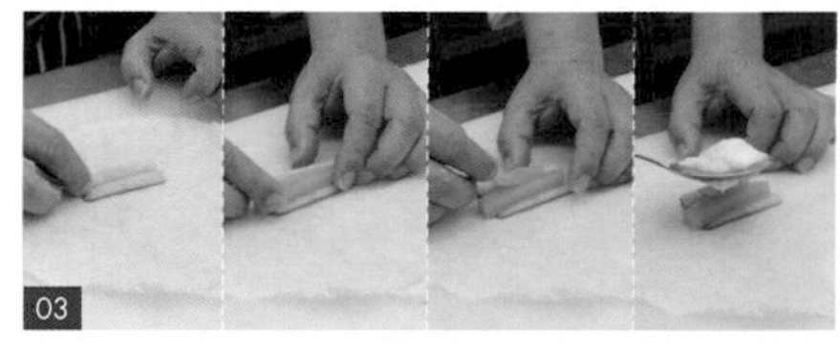
03 春捲皮攤平，放上小黃瓜條、芒果條、水蜜桃片、沙拉醬。

04 包起內餡。

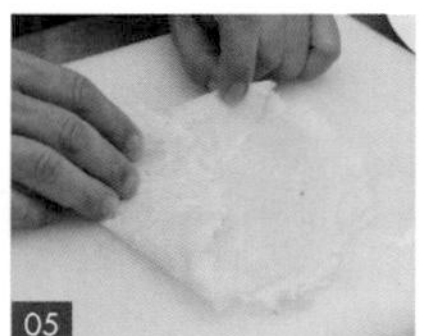
05 兩側向內摺。

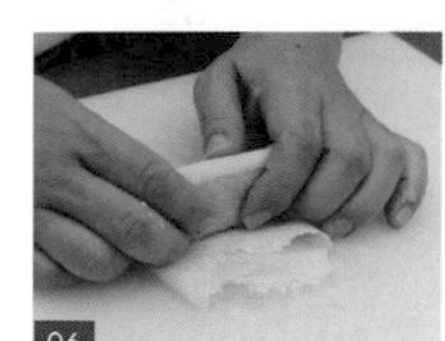
06 向前捲。

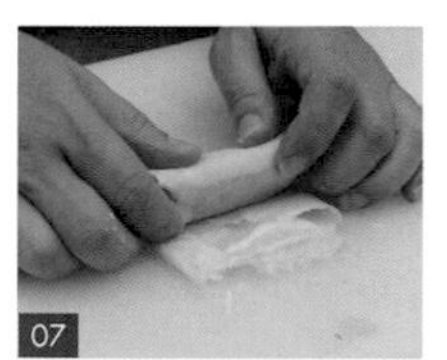
07 捲起，春捲完成。

08 沾麵糊。

09 沾杏仁片。

10 炸春捲。

11 撈起，瀝乾。

杏片水果素春捲製作動態QRcode

三色山藥捲

使用材料 INGREDIENTS

食材

- ① 紅蘿蔔（切條）…… 半條
- ② 素火腿（切條）…… 3 片
- ③ 紫山藥（切條）…… 300g
- ④ 白山藥（切條）…… 300g
- ⑤ 四季豆 …… 12 條
- ⑥ 小黃瓜（切條）…… 1 條
- ⑦ 春捲皮 …… 12 張
- ⑧ 燒海苔 …… 6 張

調味料

- ⑨ 白胡椒粉 …… 1 小匙
- ⑩ 鹽 …… 1 小匙
- ⑪ 麵粉 …… 15g
- ⑫ 飲用水 …… 2 大匙

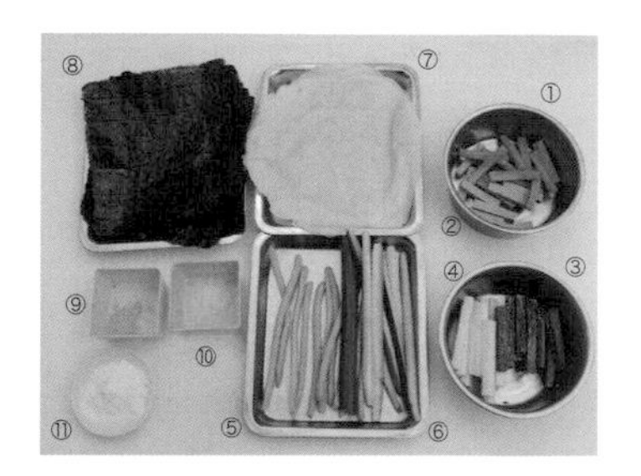

步驟說明 STEP BY STEP

前置作業

01 將白、紫山藥去皮；小黃瓜去籽；四季豆去除老筋。

02 將紅蘿蔔、白山藥、紫山藥、素火腿、小黃瓜切條，四季豆切段，備用。

03 在麵粉中加入飲用水，調成麵糊，備用。

川燙

04 準備一鍋水，煮滾後，放入紅蘿蔔條。

05 加入素火腿條、白山藥條、紫山藥條。

06 將鍋內食材撈起後，瀝乾水分，備用。

07 在鍋中加入四季豆、小黃瓜條川燙後，取出備用。

麵糊。

紅蘿蔔條。

素火腿條、白山藥條、紫山藥條。

撈起，瀝乾。

四季豆、小黃瓜條。

三色山藥捲製作

08 將小黃瓜條、四季豆加入白胡椒粉、鹽混合均勻。

09 將燒海苔切對半。

10 將春捲皮在桌上攤平擺放。

11 放入燒海苔、白山藥條、紫山藥條、四季豆、小黃瓜條、紅蘿蔔條、素火腿條。

12 將春捲皮由下往上摺，以包起內餡。

13 將春捲皮兩側向內摺，為三色山藥捲。

14 承步驟13，用雙手抓住三色山藥捲兩側向前捲至1/10處。

15 在三色山藥捲1/10處塗抹麵糊後，向前捲起以固定封口處，即完成三色山藥捲製作。

烹煮、盛盤

16 熱油鍋至160度後，放入春捲，炸至表面金黃。

17 將春捲撈起並瀝乾油份後，斜切對半。

18 盛盤，即可享用。

三色山藥捲製作
動態 QRcode

春捲皮攤平。

燒海苔、白山藥條、紫山藥條、四季豆、小黃瓜條、紅蘿蔔條、素火腿條。

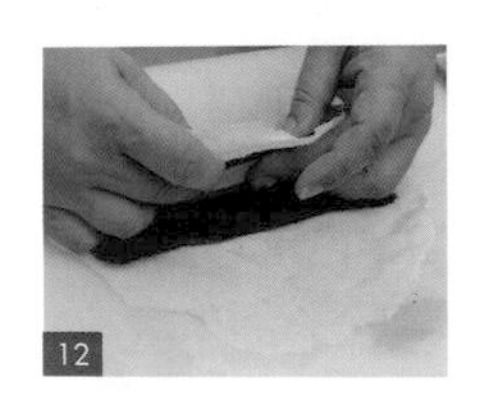

包起內餡。

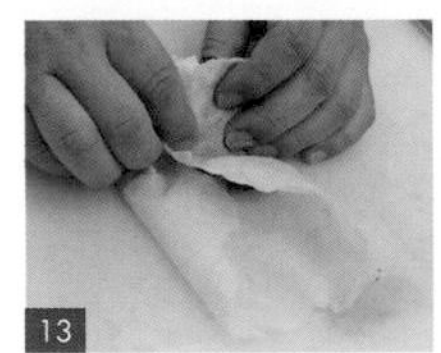

兩側向內摺。

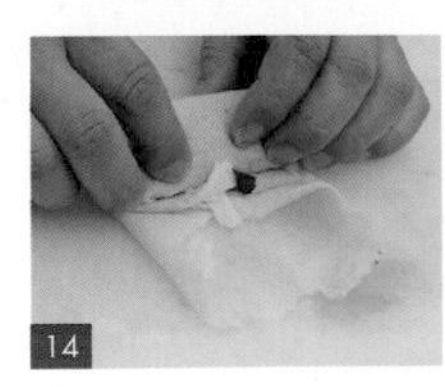

向前捲。

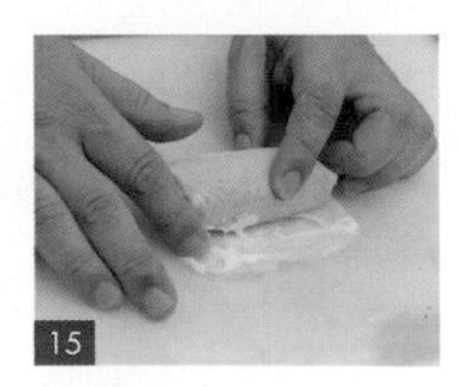

捲起。

炸春捲。

芋泥起司條

使用材料 INGREDIENTS

食材

① 起司片 …… 150g
② 芋頭（切片）…… 350g
③ 奶油 …… 2大匙
④ 麵粉a …… 40g
⑤ 腐皮 …… 2張

調味料

⑥ 鹽 …… 1小匙
⑦ 糖 …… 2大匙
⑧ 塔塔醬 …… 4大匙
（請參考P.13製作塔塔醬。）
⑨ 麵包粉 …… 150g
⑩ 麵粉b …… 40g
⑪ 飲用水 …… 2大匙

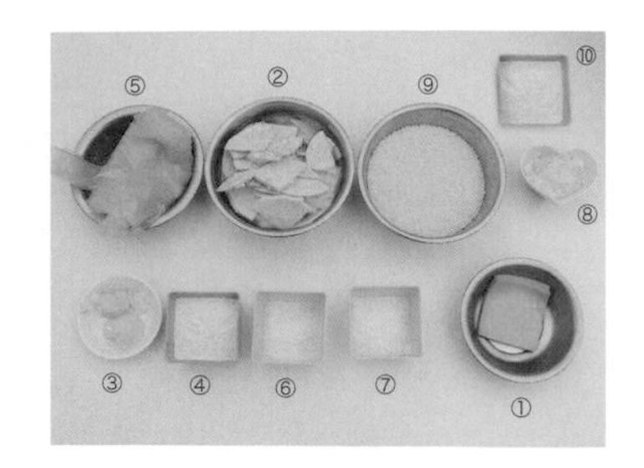

步驟說明 STEP BY STEP

前置作業

01　在麵粉b中加入飲用水，調成稀麵糊，備用。

02　將起司片切成三等份，備用。

芋泥製作

03　將芋頭去皮切片後，放入蒸鍋，蒸10分鐘後取出。

04　以湯匙將芋頭片壓成泥狀。

05　加入奶油、鹽、糖、麵粉a，以湯匙攪拌均勻，為芋泥。

06　將芋泥分成六等份，即完成芋泥製作，備用。

麵糊。

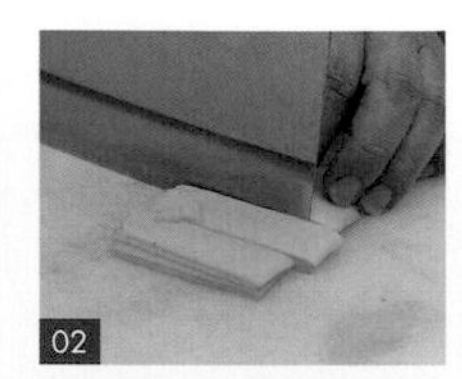
起司切三份。

蒸芋頭片。

壓泥。

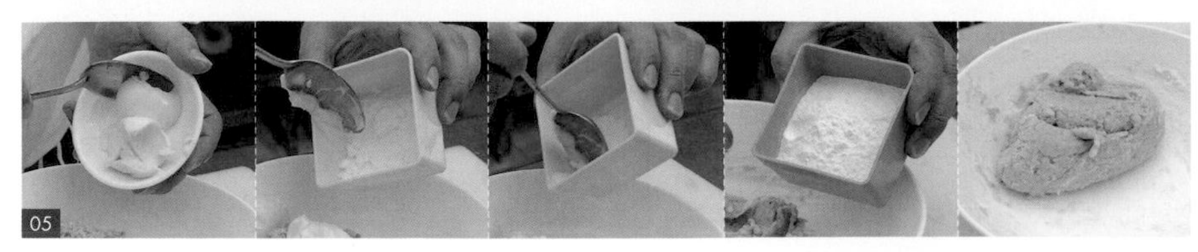
奶油、鹽、糖、麵粉a，拌勻。

分六份。

芋泥起司條製作

07　將腐皮切成三等份，呈披薩狀，備用。

08　取一份腐皮，在桌上攤平擺放，並將圓弧邊朝內，尖角朝外。

09　放入芋泥，用手揉捏至呈長條狀。

10　放入起司片，完成內餡。

11　將腐皮兩側向內摺。

12　將腐皮由下往上摺，以包起內餡，為芋泥起司條。

13　承步驟12，用雙手抓住芋泥起司條兩側向前捲至1/10處。

14　在芋泥起司條1/10處塗抹麵糊後，向前捲起以固定封口處，即完成芋泥起司條製作。

烹煮、盛盤

15　將芋泥起司條表面沾上麵糊。

16　在麵糊上沾上麵包粉。

17　熱油鍋至140度後，將芋泥起司條放入鍋中，炸至表面金黃。

18　將芋泥起司條撈起後，瀝乾油分，盛盤，即可搭配塔塔醬享用。

芋泥起司條製作
動態 QRcode

腐皮切三份。

芋泥。

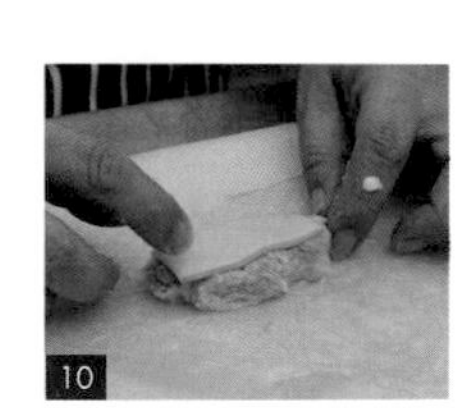

起司片，內餡。

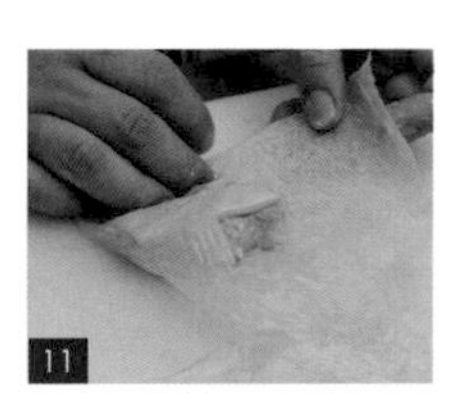

兩側向內摺。

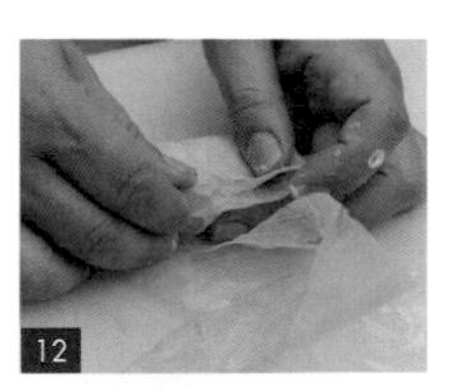

包起內餡。

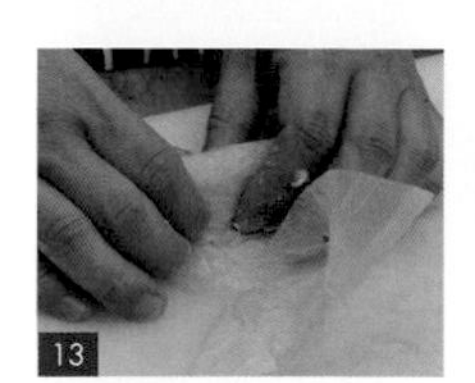

向前捲。

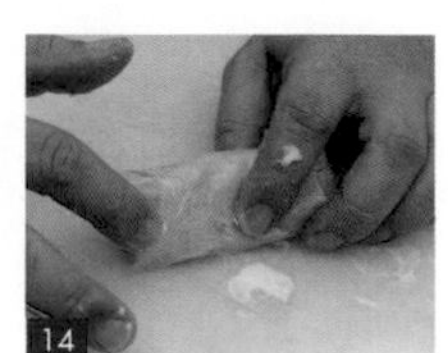

捲起。

沾麵糊。

沾麵包粉。

炸芋泥起司條。

芝麻蜜牛蒡

使用材料 INGREDIENTS

食材

① 辣椒(切絲) ······ 1 條
② 牛蒡(切絲) ······ ½ 條
③ 白芝麻 ······ 1 大匙

調味料

④ 香油 ······ 1 大匙
⑤ 醬油 ······ 2 大匙
⑥ 糖 ······ 2 大匙
⑦ 飲用水 ······ 3 大匙

芝麻蜜牛蒡製作
動態 QRcode

步驟說明 STEP BY STEP

前置作業

01 將牛蒡去皮。

02 將牛蒡、辣椒切絲。

03 將牛蒡絲放入水中，以防止變色，備用。

芝麻蜜牛蒡製作

04 在鍋中倒入香油。

05 加入辣椒絲爆香。

06 加入牛蒡絲，拌炒均勻。

07 加入醬油、糖、飲用水，並持續拌炒收汁。

08 盛盤，撒上白芝麻，即可享用。

香油。

辣椒絲。

牛蒡絲。

醬油、糖、飲用水。

白芝麻。

焗烤馬鈴薯

使用材料 INGREDIENTS

食材
- ① 馬鈴薯 1個
- ② 紅蘿蔔（切小丁） 30g
- ③ 素火腿（切小丁） 30g
- ④ 小黃瓜（切小丁） 1條
- ⑤ 罐頭玉米粒 30g
- ⑥ 起司絲 50g
- ⑦ 巴西利（切碎） 10g

調味料
- ⑧ 美乃滋 20g
- ⑨ 帕馬森起司粉 30g
- ⑩ Tabasco 辣椒水 ¼小匙

步驟說明 STEP BY STEP

焗烤馬鈴薯製作動態 QRcode

前置作業

01 將紅蘿蔔、小黃瓜、素火腿切小丁，巴西利切碎，備用。

02 將烤箱預熱至上火190度、下火190度。

焗烤馬鈴薯製作

03 將馬鈴薯帶皮洗淨後，放入蒸鍋，蒸40分鐘後取出。

TIP. 可選擇較大的馬鈴薯，會較好操作。

04 將馬鈴薯對切，備用。

05 將紅蘿蔔小丁放入蒸鍋，蒸5分鐘後，取出備用。

06 以湯匙在馬鈴薯切面挖出凹洞。

07 在凹洞處擠上美乃滋。

08 放上紅蘿蔔小丁、素火腿小丁、罐頭玉米粒、小黃瓜小丁、帕馬森起司粉、起司絲、Tabasco辣椒水。

09 將馬鈴薯放入預熱的烤箱中，烤至表面金黃。

10 將馬鈴薯從烤箱中取出，擺盤，並撒上巴西利碎，即可享用。

03 蒸馬鈴薯。

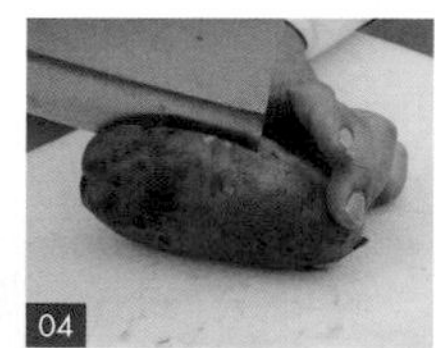

04 對切。

05 蒸紅蘿蔔小丁。

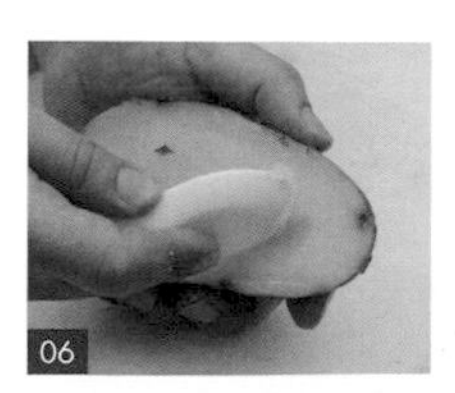

06 挖出凹洞。

07 美乃滋。

08 紅蘿蔔小丁、素火腿小丁、罐頭玉米粒、小黃瓜小丁、帕馬森起司粉、起司絲、Tabasco辣椒水。

09 放入烤箱。

10 巴西利碎。

EXOTIC VEGETARIAN / **11**

茴香千層芋頭

使用材料 INGREDIENTS

食材

① 芋頭（切片）…… 1 個
② 茴香（切碎）…… 1 把
③ 紅蘿蔔（切碎）…… 50g
④ 乾香菇（切碎）…… 2 朵

調味料

⑤ 白胡椒粉 …… 1 小匙
⑥ 番茄醬 …… 1 大匙
⑦ 鹽 …… 1 小匙

步驟說明 STEP BY STEP

前置作業

01 將乾香菇放入冷水中泡軟。

02 將芋頭去皮切片，備用。

03 將紅蘿蔔、香菇、茴香切碎，備用。

內餡製作

04 取一容器，倒入茴香碎。

05 加入紅蘿蔔碎、香菇碎、白胡椒粉、番茄醬、鹽，並以湯匙拌勻，為內餡。

06 在鍋中倒入適量食用油後加熱，加入內餡拌炒後取出，即完成內餡製作。

茴香千層芋頭製作

07 取一烤盤，放上芋頭片。

08 以湯匙取一杓內餡，並在芋頭片上均勻抹平。

09 重複步驟7-8，堆疊至少四層，為茴香千層芋頭。

10 將茴香千層芋頭放入蒸鍋，蒸20分鐘後取出。

11 擺盤，即可享用。

茴香千層芋頭
製作動態 QRcode

芋頭片。

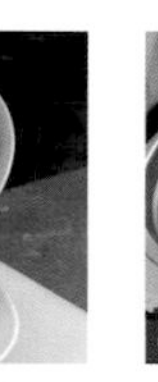

茴香碎。

紅蘿蔔碎、香菇碎、白胡椒粉、番茄醬、鹽，拌勻。

拌炒，取出。

放入烤盤。

內餡。

09

重複堆疊。

蒸茴香千層芋頭。

EXOTIC VEGETARIAN / **12**

焗烤千層白菜

使用材料 INGREDIENTS

食材

① 素火腿（切碎）	50g
② 紅蘿蔔（切碎）	50g
③ 青豆仁	50g
④ 奶油	1大匙
⑤ 麵粉	108g
⑥ 鮮奶油	10cc
⑦ 大白菜	5葉
⑧ 帕馬森起司	30g
⑨ 起司絲	50g
⑩ 巴西利（切碎）	少許

調味料

⑪ 鹽	1小匙
⑫ 白胡椒粉	1小匙
⑬ 飲用水	100cc

步驟說明 STEP BY STEP

前置作業

01 將紅蘿蔔、素火腿、巴西利切碎，備用。

02 將烤箱預熱至上火180度、下火180度。

內餡製作

03 在鍋中倒入適量食用油後加熱，倒入素火腿碎。

04 加入紅蘿蔔碎、青豆仁、鹽，拌炒均勻，即完成內餡製作，取出備用。

白醬製作

05 在鍋中倒入奶油。

03 素火腿碎。

04 紅蘿蔔碎、青豆仁、鹽。

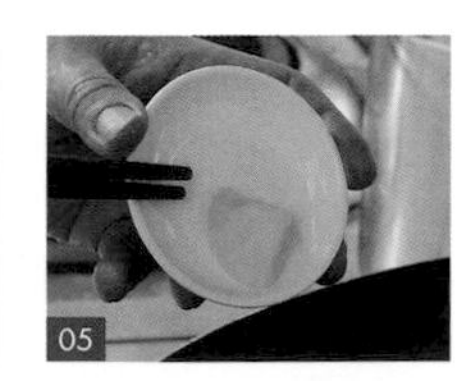

05 奶油。

06　加入麵粉、飲用水、白胡椒粉、鮮奶油，以筷子拌勻，即完成白醬製作，取出備用。

焗烤千層白菜製作

07　準備一鍋水，煮滾，倒入大白菜川燙，取出備用。

08　取一焗盅，放入大白菜。

09　將內餡放在大白菜上。

10　重複步驟8-9，堆疊至少五層，為千層白菜。

11　放入白醬、帕馬森起司、起司絲。

12　將千層白菜放入預熱的烤箱中，烤至表面金黃。

13　將千層白菜從烤箱中取出，並撒上巴西利碎，即可享用。

麵粉、飲用水、白胡椒粉、鮮奶油。

07 大白菜。

08 放入焗盅。

09 內餡。

10 重複堆疊。

11 白醬、帕馬森起司、起司絲。

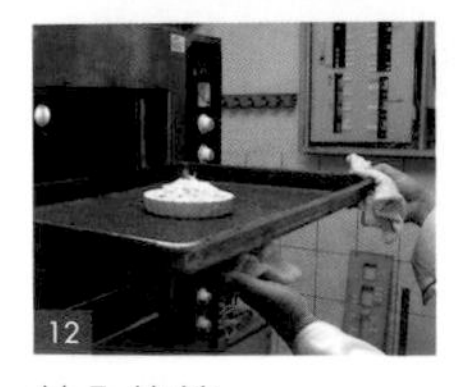

放入烤箱。

撒上巴西利碎。

焗烤千層白菜製作
動態 QRcode

黑椒馬鈴薯排

使用材料 INGREDIENTS

食材

① 馬鈴薯(切片)	1個
② 飲用水a	2大匙
③ 素火腿(打成泥)	50cc
④ 板豆腐(切小丁)	50g
⑤ 紅蘿蔔a(切小丁)	50g
⑥ 西芹(切碎)	30g
⑦ 飲用水b	2大匙
⑧ 蘑菇(切片)	50g
⑨ 紅蘿蔔b(切丁)	適量
⑩ 甜玉米	1小段
⑪ 青花椰菜	1小朵
⑫ 奶油	1大匙

調味料

⑬ 番茄糊	1大匙
⑭ 美極鮮味露	1小匙
⑮ 素梅林辣醬油	1小匙
⑯ 香葉	1片
⑰ 黑胡椒粒	1大匙
⑱ 糖	1小匙
⑲ 麵粉	20g
⑳ 飲用水c	2大匙

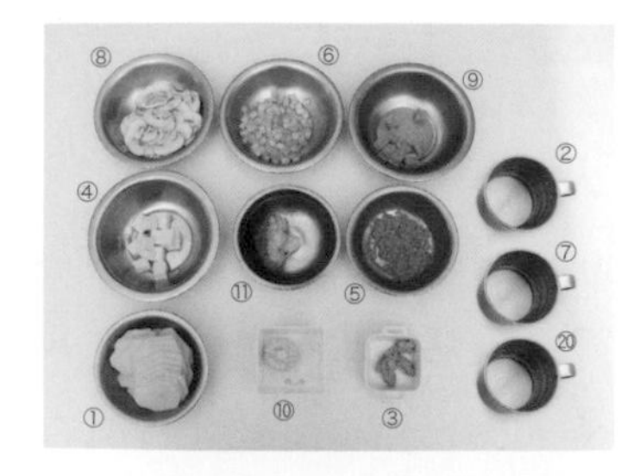

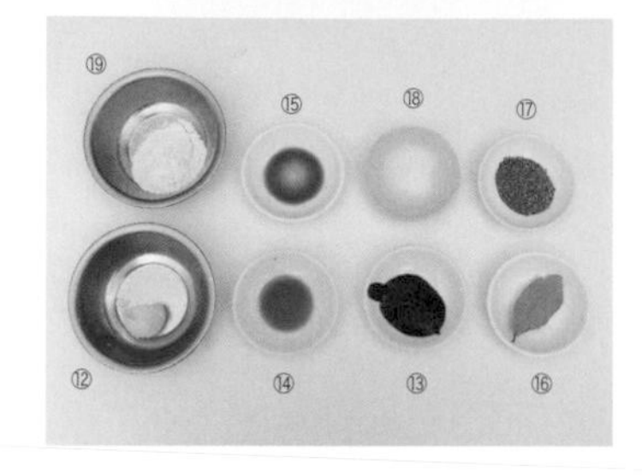

步驟說明 STEP BY STEP

前置作業

01 將素火腿打成泥，備用。

02 將板豆腐、紅蘿蔔a切小丁，馬鈴薯去皮切片，蘑菇切片，紅蘿蔔b切丁，西芹切碎，備用。

03 在麵粉中加入飲用水c，調成麵糊，備用。

馬鈴薯排製作

04 將馬鈴薯片放入蒸鍋，蒸15分鐘後取出。

04 蒸馬鈴薯片。

05 飲用水a，壓成泥。

06 素火腿泥、板豆腐小丁、紅蘿蔔小丁、西芹碎、飲用水b。

07 抓勻。

09 放上烤盤。

10 炸馬鈴薯團。

11 撈起，瀝乾。

12 奶油。

05 將馬鈴薯片放入容器，加入飲用水a後，以湯匙背面壓成泥狀。

06 加入素火腿泥、板豆腐小丁、紅蘿蔔小丁、西芹小丁、飲用水b，並以湯匙攪拌均勻。

07 戴上手套後，用手將食材捏碎並抓勻，為馬鈴薯糊。

08 在烤盤上撒少許水，以避免馬鈴薯糊沾黏。

09 用手取馬鈴薯糊，並揉捏成團，放在烤盤上。

10 熱油鍋至170度，將馬鈴薯團放入鍋中，油炸至表面呈金黃色。

11 撈起，瀝乾油分，盛盤，即完成馬鈴薯排製作。

黑胡椒醬製作

12 在鍋中倒入奶油後，以小火加熱。

13 加入蘑菇片、番茄糊、美極鮮味露、素梅林辣醬油、香葉、黑胡椒粒、糖、麵糊後，拌炒均勻，即完成黑胡椒醬製作。

組合、盛盤

14 準備一鍋水，煮滾，放入紅蘿蔔丁。

15 加入玉米、青花椰菜。

16 將鍋內食材撈起後，瀝乾水分，為川燙食材，備用。

17 將馬鈴薯排淋上黑糊椒醬，放入川燙食材，即可享用。

黑椒馬鈴薯排製作
動態 QRcode

蘑菇片、番茄糊、美極鮮味露、素梅林辣醬油、香葉、黑胡椒粒、糖、麵糊。

紅蘿蔔丁。

玉米、青花椰菜。

撈起，瀝乾。

素咖哩

使用材料 INGREDIENTS

食材
① 紅蘿蔔(切大丁)……1條
② 馬鈴薯(切大丁)……3粒
③ 百頁豆腐(切大丁)……1塊

調味料
④ 咖哩粉……3大匙
⑤ 飲用水a……400cc
⑥ 鹽……1小匙
⑦ 白胡椒粉……1小匙
⑧ 醬油膏……1大匙
⑨ 麵粉……2大匙
⑩ 飲用水b……2大匙

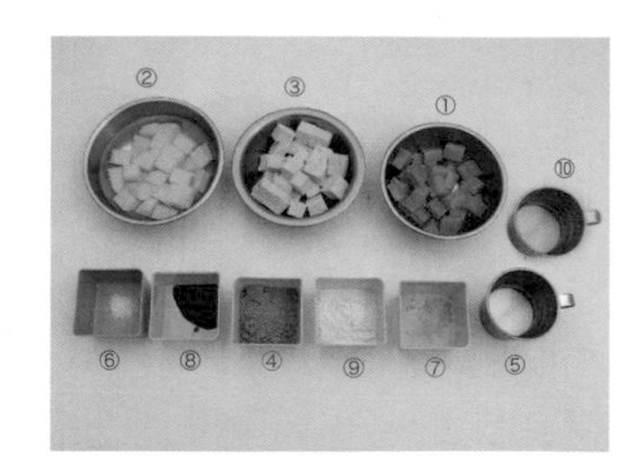

步驟說明 STEP BY STEP

前置作業

01 將紅蘿蔔、馬鈴薯去皮切大丁，百頁豆腐切大丁，備用。

02 在麵粉中加入飲用水b，調成麵糊，備用。

烹煮、盛盤

03 熱油鍋至170度後，放入馬鈴薯大丁、紅蘿蔔大丁、百頁豆腐大丁，過油。

04 將鍋內食材撈起後，瀝乾油分，備用。

05 在鍋中倒入食用油後加熱，加入咖哩粉炒香。

06 加入飲用水a，以調勻咖哩粉。

07 加入鹽、白胡椒粉、醬油膏、馬鈴薯大丁、紅蘿蔔大丁，拌炒均勻。

08 加水淹過食材後，燜煮至軟透，並適時攪拌咖哩糊以防止燒焦。

09 慢慢加入麵糊並順勢攪拌，以勾芡咖哩糊。

10 加入百頁豆腐大丁，攪拌均勻。

11 盛盤，即可享用。

素咖哩製作動態QRcode

03 馬鈴薯大丁、紅蘿蔔大丁、百頁豆腐大丁。

04 撈起，瀝乾。

05 咖哩粉。

06 飲用水。

07 鹽、白胡椒粉、醬油膏、馬鈴薯大丁、紅蘿蔔大丁。

09 麵糊。

10 百頁豆腐大丁。

EXOTIC VEGETARIAN / 15

香煎櫛瓜佐青醬

使用材料 INGREDIENTS

食材

① 馬鈴薯（切片）……1顆
② 帕馬森起司粉……80g
③ 松子……50g
④ 九層塔……50g
⑤ 櫛瓜（切片）……300g
⑥ 紅甜椒（切片）……50g
⑦ 小黃瓜……1條

調味料

⑧ 鹽 a……1小匙
⑨ 白胡椒粉 a……1小匙
⑩ 冷壓橄欖油……60cc
⑪ 黑胡椒粒……1小匙
⑫ 鹽 b……1小匙
⑬ 鹽 c……1小匙
⑭ 白胡椒粉 b……1小匙

步驟說明 STEP BY STEP

前置作業

01 將櫛瓜、馬鈴薯切片；紅甜椒去籽切片，備用。

02 將九層塔洗淨，摘下嫩葉，備用。

馬鈴薯泥製作

03 將馬鈴薯片放入蒸鍋，蒸15分鐘後取出。

04 將馬鈴薯片倒入食物調理機。

05 加入鹽 a。

03 蒸馬鈴薯片。

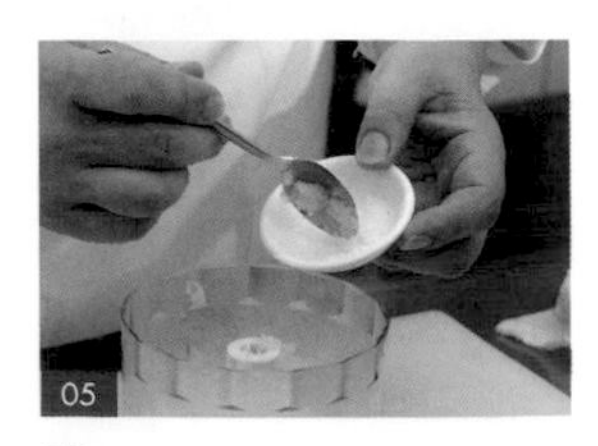

05 鹽 a。

06　加入白胡椒粉a，並以食物調理機打勻，為馬鈴薯泥，取出備用。

青醬製作

07　將冷壓橄欖油倒入食物調理機。

08　加入黑胡椒粒、鹽b、帕馬森起司粉、松子，以高速打成泥狀。

09　加入九層塔，以低速打勻，青醬製作完成。

烹煮

10　在鍋中倒入食用油後加熱，加入櫛瓜片，並適時以筷子翻面。

11　加入紅甜椒片、鹽c、白胡椒粉b，拌炒均勻至熟後，為清炒蔬菜，取出備用。

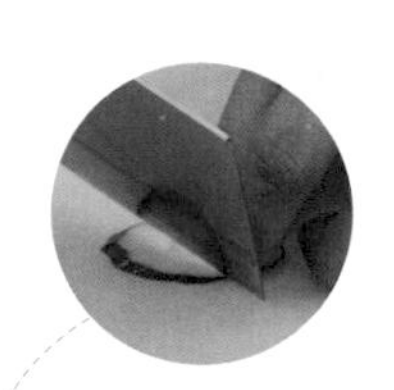

組合、盛盤

12　將小黃瓜切成薄片，並將薄片切成½，為小黃瓜a、b。

13　將小黃瓜b翻面，與小黃瓜a結合成心形，裝飾盤邊。

14　將馬鈴薯泥盛盤鋪底。

15　將清炒蔬菜盛盤後，即可搭配青醬享用。

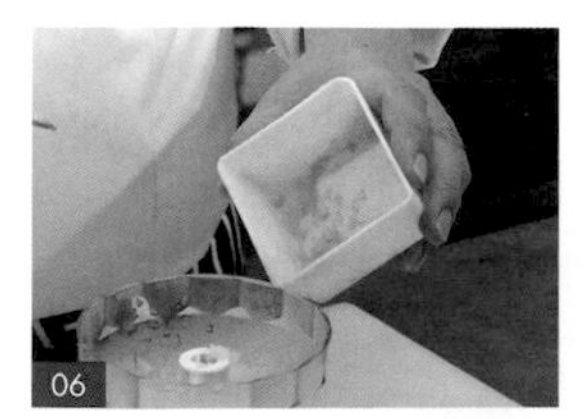
白胡椒粉a。

冷壓橄欖油。

黑胡椒粒、鹽b、帕馬森起司粉、松子。

九層塔。

櫛瓜片。

紅甜椒片、鹽c、白胡椒b。

心形裝飾盤邊。

香煎櫛瓜佐青醬
製作動態 QRcode

EXOTIC VEGETARIAN / **16**

黃金杏鮑菇佐莎莎醬

使用材料 INGREDIENTS

食材

① 牛番茄(切丁)	1 個
② 青椒(切丁)	50g
③ 辣椒(切末)	1 條
④ 奶油	1 小匙
⑤ 杏鮑菇	250g
⑥ 白飯	1 碗

調味料

⑦ 鹽 a	5g
⑧ 百里香粉	¼ 小匙
⑨ 黑胡椒粒 a	1 小匙
⑩ 糖	15g
⑪ 冷壓橄欖油	50cc
⑫ 檸檬汁	30cc
⑬ 鹽 b	1 小匙
⑭ 白胡椒粉	¼ 小匙
⑮ 黑胡椒粒 b	1 小匙
⑯ 糖 b	1 小匙

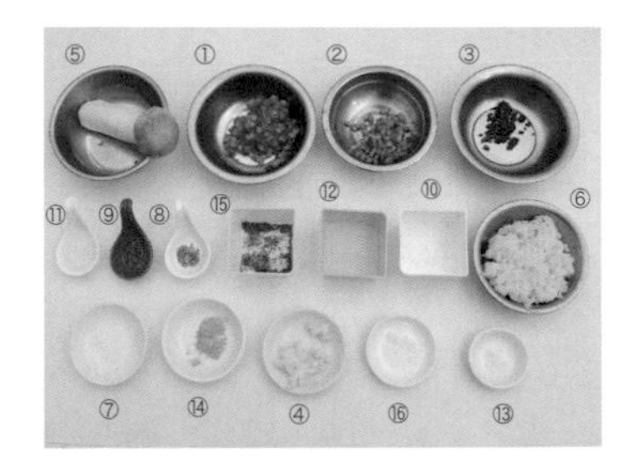

步驟說明 STEP BY STEP

前置作業

01 將牛番茄去皮去籽切丁，青椒去籽切丁，辣椒切末，備用。

02 將杏鮑菇對切後，表面切格子花刀，備用。

杏鮑菇切花。

莎莎醬製作

03　取一容器，倒入牛番茄丁、青椒丁、辣椒末、鹽a、百里香粉、黑胡椒粒a、糖。

04　加入冷壓橄欖油、檸檬汁，即完成莎莎醬製作。

烹煮

05　在鍋中倒入奶油後加熱。

06　加入對切杏鮑菇、鹽b。

07　加入白胡椒粉、黑胡椒粒b、糖b。

08　將對切杏鮑菇煎至雙面金黃。

組合、盛盤

09　取一碗白飯，倒扣在盤上。

10　將對切杏鮑菇盛盤，即可搭配莎莎醬享用。

牛番茄丁、青椒丁、辣椒末、鹽a、百里香粉、黑胡椒粒a、糖。

冷壓橄欖油、檸檬汁，莎莎醬完成。

奶油。

杏鮑菇、鹽b。

白胡椒粉、黑胡椒粒b、糖b。

黃金杏鮑菇
佐莎莎醬製作動態
QRcode

藍帶豆包排佐茄汁

使用材料 INGREDIENTS

食材

- ① 牛番茄 …… 1個
- ② 生豆包 …… 2片
- ③ 素火腿片 …… 2片
- ④ 起司片 …… 2片

調味料

- ⑤ 冷壓橄欖油 …… 30g
- ⑥ 鹽 …… ¼ 小匙
- ⑦ 白胡椒粉 …… 1小匙
- ⑧ 義式香料粉 …… 1小匙
- ⑨ 麵包粉 …… 150g
- ⑩ 麵粉 …… 50g
- ⑪ 飲用水 …… 2大匙

步驟說明 STEP BY STEP

藍帶豆包排佐茄汁製作動態QRcode

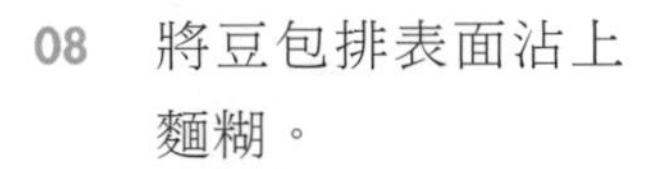

前置作業

01 將牛番茄洗淨，去皮去籽後切片。

02 將牛番茄片以食物調理棒打成番茄泥，備用。

03 在麵粉中加入飲用水，調成麵糊，備用。

豆包排製作

04 將生豆包攤開後，在桌上攤平擺放。

05 放入素火腿片、起司片，為內餡。

06 將生豆包右側往左摺，以包起內餡。

07 承步驟6，用雙手抓住生豆包右側，向左捲緊，豆包排製作完成。

烹調、組合

08 將豆包排表面沾上麵糊。

09 在麵糊上沾上麵包粉。

10 熱油鍋至180度後，放入豆包排，炸至兩面金黃。

11 將豆包排撈起後，瀝乾油分，備用。

12 在鍋中倒入冷壓橄欖油後加熱，加入番茄泥炒香。

13 加入鹽、白胡椒粉、義式香料粉，拌勻，為茄汁。

14 將豆包排對切，盛盤，即可搭配茄汁享用。

04 攤開、攤平。

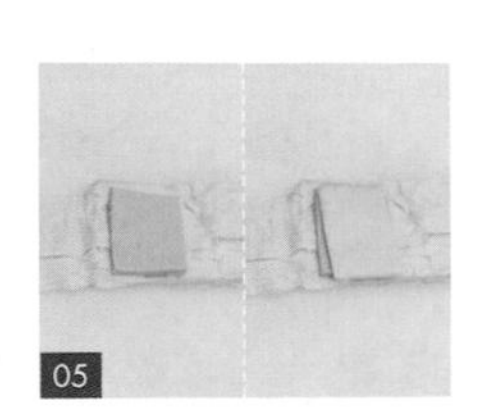

05 素火腿片、起司片。

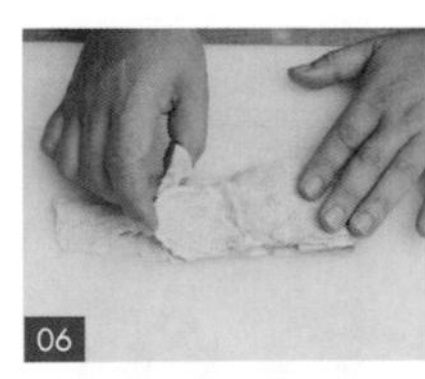

06 包起內餡。

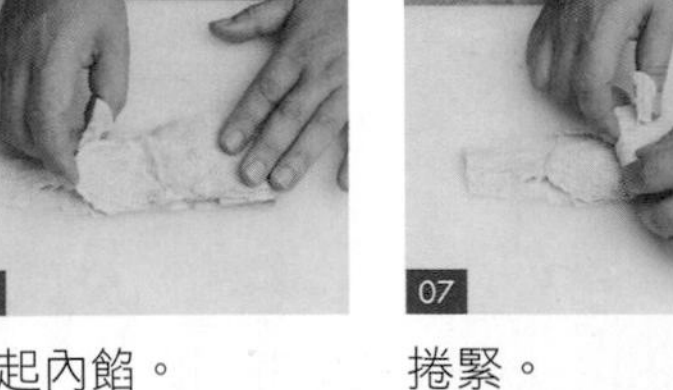

07 捲緊。

08 麵糊。

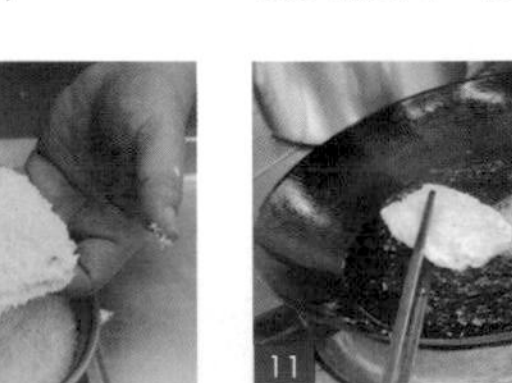

09 麵包粉。

11 油炸。

12 冷壓橄欖油、番茄泥。

13 鹽、白胡椒粉、義式香料粉。

墨西哥煎餅佐南瓜醬

使用材料 INGREDIENTS

食材

① 素火腿（打成泥）……200cc
② 紅蘿蔔（切末）……30g
③ 馬蹄（切末）……50g
④ 乾香菇（切末）……6朵
⑤ 西芹（切碎）……30g
⑥ 飲用水 a……6小匙
⑦ 南瓜（切片）……100g
⑧ 飲用水 b……5cc

調味料

⑨ 義式香料粉……1小匙
⑩ 鹽 a……1小匙
⑪ 低筋麵粉……1小匙
⑫ 鹽 b……1小匙
⑬ 白胡椒粉……1小匙

步驟說明 STEP BY STEP

前置作業

01 將南瓜去皮去籽；紅蘿蔔去皮。

02 將乾香菇放入冷水中泡軟。

03 將紅蘿蔔、馬蹄、香菇切末，南瓜切片，西芹切碎，素火腿打成泥狀，備用。

墨西哥煎餅糊製作

04 取一容器，倒入素火腿泥。

05 加入紅蘿蔔末、馬蹄末、香菇末、西芹碎。

06 加入飲用水a、義式香料粉、鹽a、低筋麵粉，並以湯匙拌勻。

07 戴上手套後，用手將食材抓勻，墨西哥煎餅糊製作完成。

素火腿泥。

紅蘿蔔末、馬蹄末、香菇末、西芹碎。

南瓜醬製作

08　將南瓜片放入蒸鍋，蒸10分鐘後取出。

09　將蒸熟南瓜片倒入食物調理機。

10　加入鹽b、白胡椒粉、飲用水b，以食物調理機打成泥狀，南瓜醬製作完成。

烹煮、盛盤

11　在烤盤上撒少許水，以避免墨西哥煎餅糊沾黏。

12　用手取墨西哥煎餅糊，並揉捏成團，放在烤盤上，備用。

13　在鍋中倒入食用油，並放入墨西哥煎餅糊。

14　將墨西哥煎餅糊煎至雙面金黃後取出，為墨西哥煎餅。

15　盛盤，即可搭配南瓜醬享用。

飲用水a、義式香料粉、鹽a、低筋麵粉。

抓勻。

蒸南瓜片。

倒入調理機。

鹽b、白胡椒粉、飲用水b。

煎餅糊放烤盤。

食用油。

煎餅糊。

墨西哥煎餅
佐南瓜醬製作動態
QRcode

高麗菜捲佐紅椒醬

使用材料 INGREDIENTS

食材

① 杏鮑菇(切小丁) …… 50g
② 馬蹄(切小丁) …… 50g
③ 黃甜椒(切小丁) …… 20g
④ 西芹(切碎) …… 20g
⑤ 素火腿(打成泥) …… 100g
⑥ 高麗菜 …… 3 葉
⑦ 紅甜椒 …… 1 粒
⑧ 冷壓橄欖油 …… 1 大匙

調味料

⑨ 白胡椒粉 …… 1 小匙
⑩ 鹽 …… 1 小匙

步驟說明 STEP BY STEP

前置作業

01 將杏鮑菇、馬蹄切小丁，黃甜椒去皮去籽切小丁，素火腿打成泥，西芹切碎，備用。

紅椒醬製作

02 將紅甜椒去頭去籽後，以夾子夾取並放至瓦斯爐上烤至表面微焦。

03 將紅甜椒切塊去皮。

04 將紅甜椒塊放入食物調理機中打成漿狀後，以小火煮滾，紅椒醬製作完成。

內餡製作

05 在鍋中倒入適量食用油後加熱，加入杏鮑菇小丁炒香。

06 加入馬蹄小丁、黃甜椒小丁、西芹碎、白胡椒粉、鹽、冷壓橄欖油，拌炒均勻後，取出放涼。

02 紅甜椒烤焦、切塊、去皮。

04 打漿，紅椒醬完成。

05 杏鮑菇小丁。

06 馬蹄小丁、黃甜椒小丁、西芹碎、白胡椒粉、鹽、冷壓橄欖油。

07　倒入素火腿漿，以湯匙拌勻，為內餡，備用。

高麗菜捲製作

08　將水煮滾後，放入高麗菜川燙後，取出。

09　將高麗菜去粗梗，備用。

10　將高麗菜在桌上攤平擺放後，放入內餡。

11　將高麗菜由下往上摺，以包起內餡。

12　將高麗菜兩側向內摺。

13　承步驟12，用雙手抓住高麗菜兩側向前捲起，為高麗菜捲。

14　將高麗菜捲放入蒸鍋，蒸5分鐘後取出。

15　擺盤，即可搭配紅椒醬享用。

高麗菜捲佐紅椒醬
製作動態 QRcode

素火腿漿。

川燙高麗菜。

攤平，放入內餡。

包起內餡。

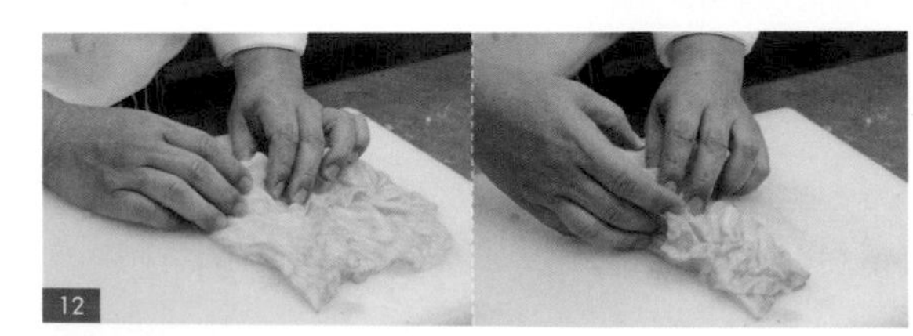

兩側向內摺。

向前捲起。

蒸後取出。

威靈頓香菇佐南瓜奶醬

使用材料 INGREDIENTS

食材

① 杏鮑菇(切丁) ········ 250g
② 奶油 a ················ 1 小匙
③ 栗子南瓜(切片) ···· 100g
④ 奶油 b ················ 1 小匙
⑤ 鮮奶油 ················ 1 大匙
⑥ 酥皮 ···················· 4 張
⑦ 蛋黃 ···················· 1 個

調味料

⑧ 義式香料粉 ········ 1 小匙
⑨ 鹽 a ···················· 1 小匙
⑩ 鹽 b ···················· 1 小匙

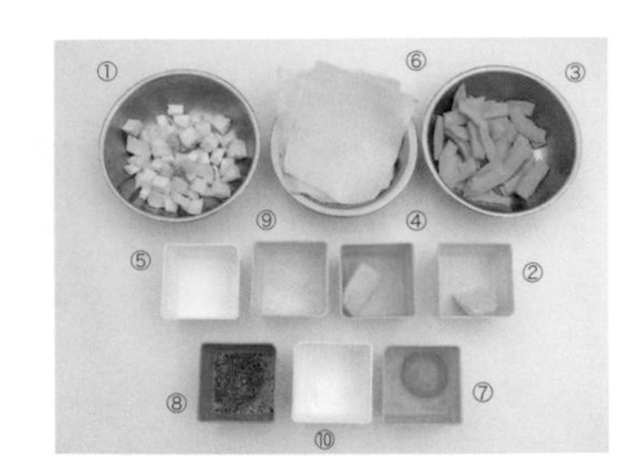

步驟說明 STEP BY STEP

前置作業

01 將杏鮑菇切丁，栗子南瓜去皮去籽後切片，備用。

02 將蛋黃打散，為蛋液，備用。

03 將烤箱預熱至上火190度、下火190度。

內餡製作

04 熱鍋後，放入杏鮑菇丁，乾煎至自然出水。

05 加入奶油a、義式香料粉、鹽a，拌炒至杏鮑菇丁表面金黃，內餡製作完成。

南瓜奶醬製作

06 將栗子南瓜片放入蒸鍋，蒸10分鐘後取出。

04
杏鮑菇丁。

05
奶油a、義式香料粉、鹽a。

06
蒸栗子南瓜片。

07　將栗子南瓜片倒入食物調理機。

08　加入鹽b、奶油b、鮮奶油後，以食物調理機打成泥狀，南瓜奶醬製作完成。

烹煮、盛盤

09　取酥皮在桌上攤平擺放後，放入內餡。

10　將酥皮對折，以包起內餡。

11　以雙手食指將酥皮邊緣壓緊。

12　取湯匙，以湯匙尾端在酥皮邊緣壓出U字形花紋。

13　以刷子沾取蛋液，均勻刷上酥皮表面無花紋處。

14　將酥皮放入預熱的烤箱中，烤至表面金黃。

15　將酥皮從烤箱中取出，即可搭配南瓜奶醬享用。

倒入調理機。

鹽b、奶油b、鮮奶油。

攤平酥皮、放入內餡。

包起內餡。

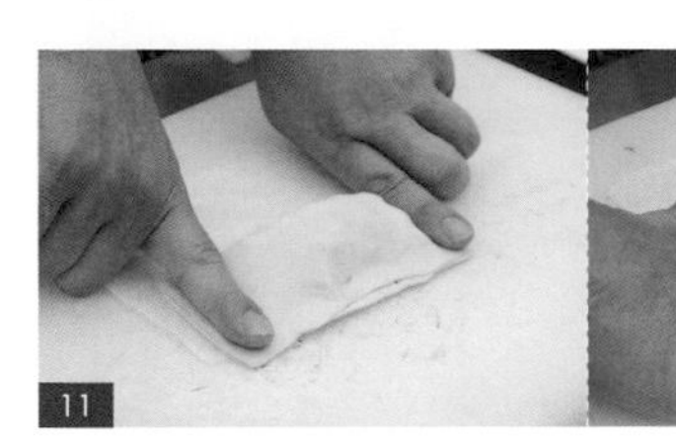

壓酥皮邊緣。

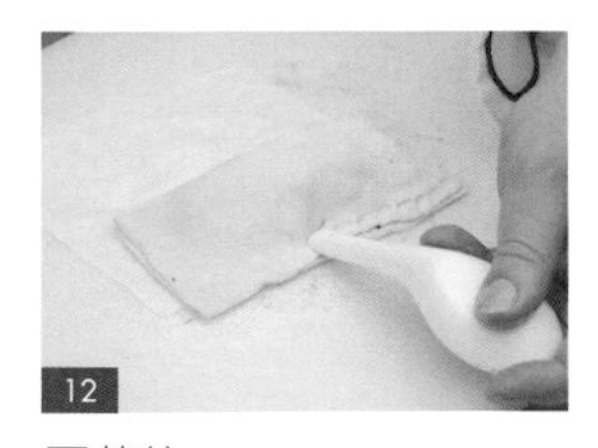

壓花紋。

蛋液。

放入烤箱。

威靈頓香菇
佐南瓜奶醬製作
動態 QRcode

紅菜西班牙燉飯

使用材料 INGREDIENTS

食材

- ① 蘑菇(切片) …… 80g
- ② 紅蘿蔔(切條) …… 20g
- ③ 素肉(切片) …… 50g
- ④ 白米 …… ½ 杯
- ⑤ 紅菜 …… 10g
- ⑥ 青花椰菜(切小朵) …… 50g
- ⑦ 紅甜椒(切條) …… 30g
- ⑧ 檸檬 …… 1 個
- ⑨ 冷壓橄欖油 …… 3 大匙
- ⑩ 香菇素高湯 …… ½ 杯

調味料

- ⑪ 鹽 …… 1 小匙
- ⑫ 白胡椒粉 …… 1 小匙
- ⑬ 飲用水 …… ½ 杯

步驟說明 STEP BY STEP

前置作業

01 將白米洗淨後，放入水中浸泡，備用。

02 將蘑菇、素肉切片，青花椰菜切小朵，紅甜椒、紅蘿蔔切條，備用。

03 將紅菜的葉片撕下，放入食物調理機中。

04 加入飲用水，並打成紅菜汁，備用。

05 將檸檬切對半。

06 用手擠出檸檬汁，備用。

烹煮、盛盤

07 在鍋中倒入冷壓橄欖油後加熱。

08 加入蘑菇片、紅蘿蔔條、素肉片、白米，拌炒均勻。

09 加入香菇素高湯。

10 加入鹽、白胡椒粉。

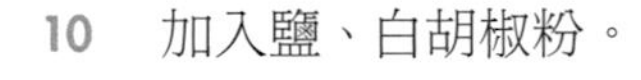

紅菜西班牙燉飯
製作動態 QRcode

11 以濾網為輔助，將紅菜汁過濾後加入，拌炒均勻。

12 蓋上鍋蓋，以小火燜煮2分鐘。

13 加入小朵青花椰菜、紅甜椒條後，蓋上鍋蓋，燜煮至熟。

14 關火後，加入檸檬汁，並蓋上鍋蓋，燜12分鐘。

15 盛盤，即可享用。

飲用水。

冷壓橄欖油。

蘑菇片、紅蘿蔔條、素肉片、白米。

香菇素高湯。

鹽、白胡椒粉。

過濾紅菜汁。

蓋上鍋蓋，燜煮。

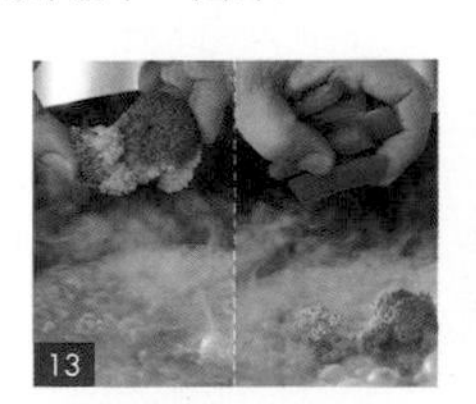

小朵青花椰菜、紅甜椒條。

檸檬汁。

焗烤番茄盅

使用材料 INGREDIENTS

食材				
	① 牛番茄	5 粒	⑥ 青豆仁	30g
	② 乾香菇（切丁）	2 朵	⑦ 美乃滋	1 包
	③ 素火腿（切丁）	150g	⑧ 起司絲	300g
	④ 沙拉筍（切丁）	1 包	⑨ 巴西利（切碎）	15g
	⑤ 玉米粒	100g		

步驟說明 STEP BY STEP

前置作業

01 將乾香菇放入冷水中泡軟。

02 將沙拉筍、素火腿、香菇切丁，巴西利切碎，備用。

03 將烤箱預熱至上火180度、下火180度。

番茄盅製作

04 將牛番茄蒂頭切除。

05 以刀子刺入牛番茄並沿邊緣劃一圈，並以湯匙將牛番茄籽挖除，即完成番茄盅製作，備用。

內餡製作

06 在鍋中倒入適量食用油後加熱，加入香菇丁。

07 加入素火腿丁、沙拉筍丁，拌炒均勻後，取出。

08 取一容器，倒入步驟7的食材。

09 加入玉米粒、青豆仁、美乃滋後，以筷子攪拌均勻，即完成內餡製作。

焗烤番茄盅製作

10 以湯匙將內餡填入番茄盅至八分滿。

11 鋪上起司絲。

12 將番茄盅放入預熱的烤箱中，烤至起司表面微焦。

13 將番茄盅從烤箱中取出，擺盤，並灑上巴西利碎，即可享用。

焗烤番茄盅製作
動態 QRcode

牛番茄蒂頭切除。

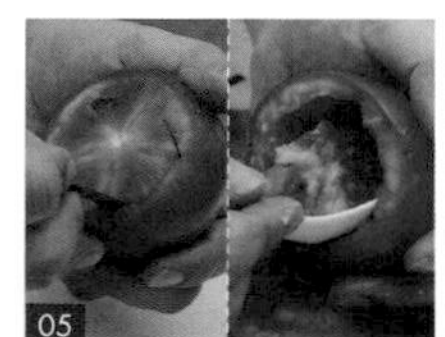

牛番茄籽挖除。

香菇丁。

素火腿丁、沙拉筍丁。

倒入容器。

玉米粒、青豆仁、美乃滋。

填入番茄盅。

起司絲。

巴西利碎。

焗烤薑黃醬花椰菜燉飯

使用材料 INGREDIENTS

食材

① 紅蘿蔔（切條）……30g
② 白花椰菜（切小朵）……100g
③ 黃甜椒（切條）……30g
④ 紅甜椒（切條）……30g
⑤ 起司絲……50g
⑥ 白米……100g
⑦ 香菇素高湯……2杯
⑧ 巴西利（切碎） 1小匙
⑨ 奶油……3大匙
⑩ 麵粉……30g
⑪ 鮮奶……150cc
⑫ 鮮奶油……30cc

調味料

⑬ 帕馬森起司粉 a……15g
⑭ 糖……1小匙
⑮ 鹽……1小匙
⑯ 薑黃粉……1小匙
⑰ 帕馬森起司粉 b……15g

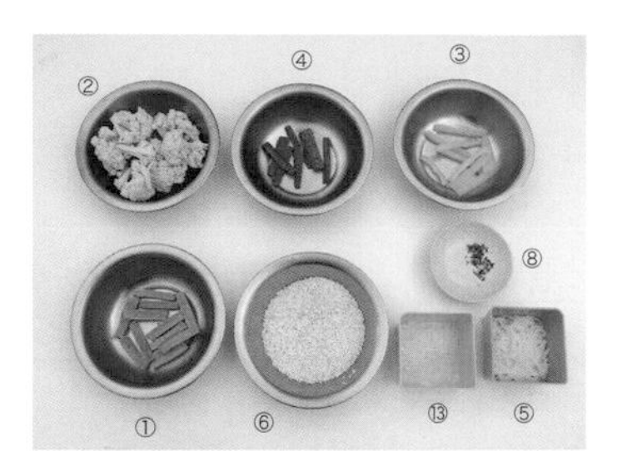

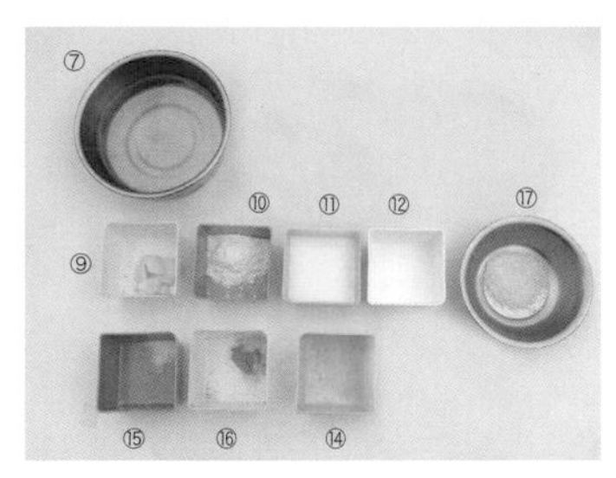

步驟說明 STEP BY STEP

前置作業

01 將白米洗淨，備用。

02 將白花椰菜切小朵，黃甜椒、紅甜椒、紅蘿蔔切條，巴西利切碎，備用。

03 將香菇素高湯加熱，備用。

04 將烤箱預熱至上火180度、下火180度。

川燙

05 準備一鍋水，煮滾後，倒入紅蘿蔔條。

06 加入小朵白花椰菜、黃甜椒條、紅甜椒條。

07 撈出，瀝乾水分，為川燙蔬菜，備用。

紅蘿蔔條。

小朵白花椰菜、黃甜椒條、紅甜椒條。

撈出，瀝乾。

燉飯製作

08　在鍋中倒入食用油加熱後，加入米、熱香菇素高湯、帕馬森起司粉a。

09　煮至米熟，即完成燉飯製作。

薑黃醬花椰菜製作

10　在鍋中倒入奶油。

11　加入麵粉後加熱，並以筷子拌炒均勻。

12　加入鮮奶、鮮奶油、糖、鹽、薑黃粉、帕馬森起司粉b，拌勻，為薑黃醬。

13　加入川燙蔬菜，拌勻，即完成薑黃醬花椰菜。

組合、盛盤

14　取一焗烤盅，放入燉飯鋪底。

15　加入薑黃醬花椰菜。

16　撒上起司絲。

17　將薑黃醬花椰菜燉飯放入預熱的烤箱中，烤至表面金黃。

18　將焗烤薑黃醬花椰菜燉飯從烤箱中取出，並撒上巴西利碎，即可享用。

焗烤薑黃醬花椰菜燉飯製作動態 QRcode

米、熱香菇素高湯、帕馬森起司粉a。

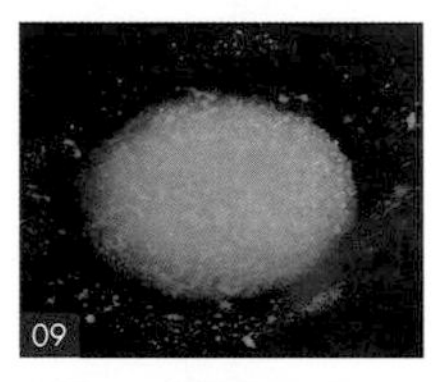

煮熟，燉飯完成。

奶油。

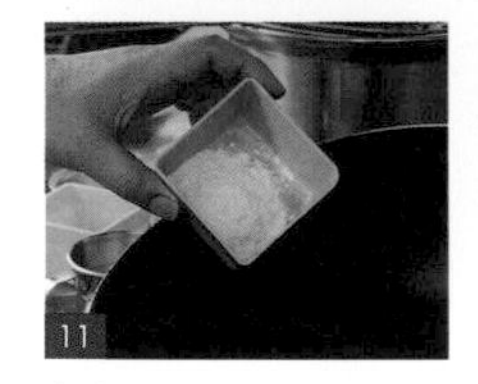

麵粉。

鮮奶、鮮奶油、糖、鹽、薑黃粉、帕馬森起司粉b。

川燙蔬菜。

燉飯放入焗烤盅。

薑黃醬花椰菜。

起司絲。

放入烤箱。

巴西利碎。

起司素大阪燒

使用材料 INGREDIENTS

食材

- ① 高麗菜（切粗絲）…… 100g
- ② 紅蘿蔔（切絲）…… 30g
- ③ 鮑魚菇（切條）…… 50g
- ④ 素火腿（切條）…… 30g
- ⑤ 乾木耳（切絲）…… 20g
- ⑥ 罐頭玉米粒 …… 30g
- ⑦ 青椒（切條）…… 30g
- ⑧ 黃甜椒（切條）…… 30g
- ⑨ 中筋麵粉 …… 120g
- ⑩ 鮮奶油 …… 100cc
- ⑪ 雞蛋 …… 1 粒
- ⑫ 起司絲 …… 30g
- ⑬ 素香鬆 …… 1 大匙

調味料

- ⑭ 素蠔油 …… 1 大匙
- ⑮ 美乃滋 …… 1 大匙

步驟說明 STEP BY STEP

前置作業

01 將紅蘿蔔去皮切絲，乾木耳切絲，高麗菜切粗絲，青椒、黃甜椒去籽切條，素火腿、鮑魚菇切條，備用。

麵糊製作

02 準備一鋼盆，倒入高麗菜粗絲。

03 加入紅蘿蔔絲、鮑魚菇條、素火腿條。

04 加入乾木耳絲、罐頭玉米粒、青椒條、黃甜椒條。

05 加入麵粉、鮮奶油、雞蛋後，以筷子拌勻，即完成麵糊製作，備用。

烹煮、盛盤

06 在鍋中倒入適量食用油後加熱，加入麵糊。

高麗菜粗絲。

紅蘿蔔絲、鮑魚菇條、素火腿條。

乾木耳絲、罐頭玉米粒、青椒條、黃甜椒條。

07　以筷子為輔助將麵糊均勻平鋪，為大阪燒。

08　撒上起司絲。

09　將大阪燒煎至雙面金黃後，倒入盤中。

10　將美乃滋、素蠔油分別裝入小塑膠袋中，綁緊袋口。

11　將素蠔油塑膠袋尖端平剪小洞，擠在大阪燒上。

12　將美乃滋塑膠袋尖端平剪小洞，擠在大阪燒上。

13　撒上素香鬆，即可享用。

起司素大阪燒
製作動態 QRcode

麵粉、鮮奶油、雞蛋。

麵糊。

鋪平。

起司絲。

倒入盤中。

美乃滋、素蠔油裝袋。

素蠔油。

美乃滋。

素香鬆。

EXOTIC VEGETARIAN / 25

水果優格

使用材料 INGREDIENTS

① 原味優格 ………… 250g
② 果醬 ………… 75g
③ 檸檬汁 ………… 5cc

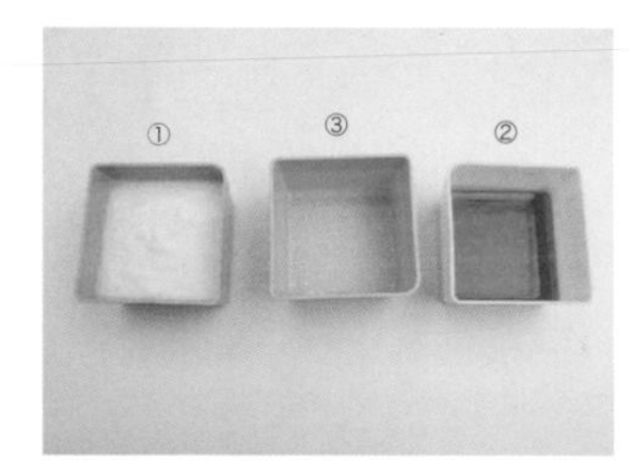

步驟說明 STEP BY STEP

01 將原味優格倒入小碗中。

02 加入果醬、檸檬汁。

03 拌勻，即可享用。

水果優格製作
動態 QRcode

優格。

果醬、檸檬汁。

拌勻，即可享用。

CHAPTER 3

中式素食

CHINESE VEGETARIAN

CHINESE VEGETARIAN/01

中式素麻油飯

使用材料 INGREDIENTS

食材

- ① 薑(切末) 80g
- ② 芋頭(切丁) 150g
- ③ 紅蘿蔔(切丁) 50g
- ④ 素火腿(切丁) 100g
- ⑤ 乾香菇 5朵
- ⑥ 長糯米 300g
- ⑦ 青豆仁 30g
- ⑧ 香菜(切碎) 5g

調味料

- ⑨ 麻油 4大匙
- ⑩ 白胡椒粉 1大匙
- ⑪ 糖 15g
- ⑫ 醬油 1大匙
- ⑬ 米酒 5大匙
- ⑭ 味精 1大匙
- ⑮ 鹽 1小匙

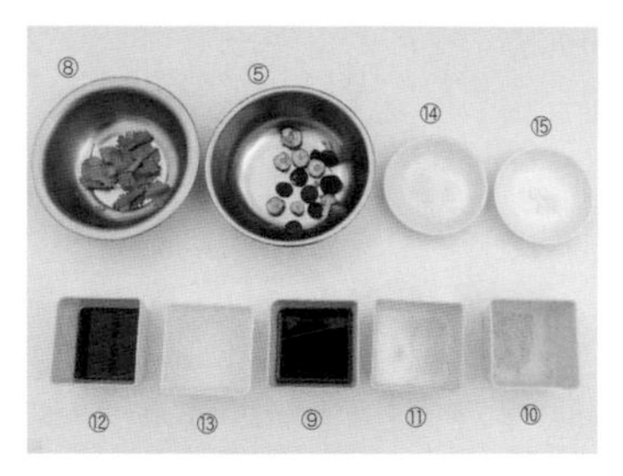

步驟說明 STEP BY STEP

前置作業

01 將乾香菇放入冷水中泡軟。

02 將素火腿、紅蘿蔔、芋頭切丁,薑切末,香菜切碎,備用。

03 準備一鍋水,煮滾,放入青豆仁煮熟後,取出備用。

04 將長糯米洗淨後,加水淹過表面,備用。

烹煮、盛盤

05 將長糯米放入蒸鍋,蒸25分鐘後取出,備用。

06 熱油鍋至170度後,將芋頭丁放入鍋中。

07 10秒後,加入紅蘿蔔丁、素火腿丁,過油。

04 長糯米加水。

05 蒸長糯米。

06 芋頭丁。

07 紅蘿蔔丁、素火腿丁。

08　將鍋內食材撈起後，瀝乾油分，為過油食材，備用。

09　在鍋中倒入麻油後加熱，加入乾香菇、薑末，炒香。

10　加入白胡椒粉、糖、醬油、米酒、味精、鹽、過油食材，拌炒均勻。

11　加入長糯米飯，拌炒均勻，為麻油飯。

12　取一鋼碗，鋪上保鮮膜，以防止麻油飯沾黏。

13　將麻油飯盛入鋼碗中，放入蒸鍋，蒸15分鐘後取出。

14　將鋼碗倒扣在盤上。

15　放上青豆仁，撒上香菜碎，即可享用。

撈起，瀝乾。

麻油、乾香菇、薑末。

中式素麻油飯
製作動態 QRcode

白胡椒粉、糖、醬油、米酒、味精、鹽、過油食材。

長糯米飯。

鋪保鮮膜。

蒸麻油飯。

青豆仁、香菜碎。

CHINESE VEGETARIAN / 02

堅果翡翠飯

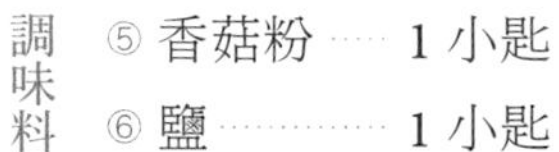

使用材料 INGREDIENTS

食材
① 柳松菇（切碎）……150g
② 白飯……400g
③ 翡翠……150g
④ 堅果（切碎）……150g

調味料
⑤ 香菇粉……1 小匙
⑥ 鹽……1 小匙
⑦ 白胡椒粉……1 小匙

步驟說明 STEP BY STEP

01 將柳松菇、堅果切碎，備用。

02 在鍋中倒入適量食用油後加熱，加入柳松菇碎。

03 加入白飯，拌炒均勻。

04 加入香菇粉、鹽、白胡椒粉，拌炒均勻。

05 加入翡翠，拌炒均勻。

06 加入堅果碎，拌炒均勻。
TIP. 可以松子代替。

07 盛盤，即可享用。

堅果翡翠飯製作
動態 QRcode

黃金麥角年糕

使用材料 INGREDIENTS

食材
- ① 韓國年糕 ······ 150g
- ② 麥角 ······ 200g
- ③ 乾辣椒（剪段） ······ 8 支
- ⑥ 五香粉 ······ 1 小匙
- ⑦ 糖 ······ 1 小匙
- ⑧ 麵粉 ······ 5 大匙
- ⑨ 飲用水 ······ 2 大匙

調味料
- ④ 素蠔油 ······ 2 大匙
- ⑤ 白胡椒粉 ······ 1 小匙

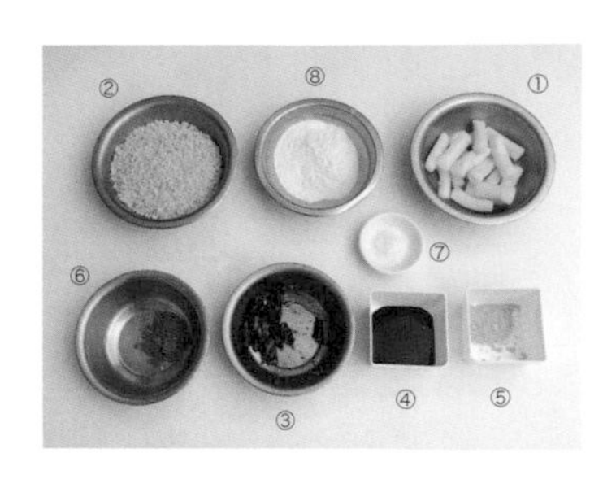

步驟說明 STEP BY STEP

前置作業

01 將乾辣椒以剪刀剪段，備用。

02 在麵粉中加入飲用水，調成麵糊，備用。

麥角年糕製作

03 準備一鍋水，煮滾，放入年糕煮軟。

04 將年糕撈起後，瀝乾水分。

05 將年糕加入素蠔油後拌勻，醃20分鐘。

06 將年糕表面沾上麵糊。

07 在麵糊上沾上麥角，即完成麥角年糕製作。

烹煮、盛盤

08 熱油鍋至150度後，放入麥角年糕，炸至表面金黃。

09 將麥角年糕撈起後，瀝乾油分，備用。

10 在鍋中倒入適量食用油後加熱，加入乾辣椒段爆香。

11 加入麥角年糕，拌炒均勻。

12 加入白胡椒粉、五香粉、糖，拌炒均勻。

13 盛盤，即可享用。

黃金麥角年糕
製作動態 QRcode

02 麵糊。

03 年糕。

04 撈起，瀝乾。

05 素蠔油。

06 沾麵糊。

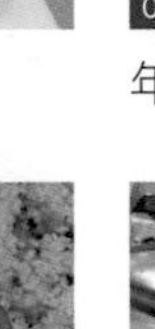

07 沾麥角。

09 麥角年糕。

10 乾辣椒段。

12 白胡椒粉、五香粉、糖。

羅漢炒米粉

使用材料 INGREDIENTS

食材		調味料	
① 乾香菇（切片）	1朵	⑩ 芹菜（切絲）	100g
② 薑（切絲）	10g	⑪ 米粉	130g
③ 紅蘿蔔（切絲）	¼條	⑫ 香菜（切碎）	1株
④ 乾木耳（切絲）	1朵		
⑤ 金針菇（切段）	½包	⑬ 素蠔油	3大匙
⑥ 麵腸（切絲）	1條	⑭ 香菇粉	1小匙
⑦ 素火腿（切絲）	2片	⑮ 白胡椒粉	1小匙
⑧ 大白菜（切絲）	¼粒	⑯ 鹽	1小匙
⑨ 豆芽菜	80g	⑰ 飲用水	100cc

步驟說明 STEP BY STEP

前置作業

01 將乾香菇、米粉、乾木耳分別放入水中泡軟。

02 將大白菜、素火腿、木耳、紅蘿蔔、芹菜、薑、麵腸切絲，金針菇切段，香菇切片，香菜切碎，備用。

烹煮、盛盤

03 將水煮滾後，放入米粉川燙後，取出。

04 將米粉放入碗中，加蓋，備用。

05 在鍋中倒入適量食用油後加熱，加入香菇片爆香。

06 加入薑絲爆香。

03 米粉。

05 香菇片。

06 薑絲。

07　加入紅蘿蔔絲、木耳絲、金針菇、麵腸絲、素火腿絲、大白菜絲，拌炒均勻。

08　將大白菜絲稍微煮軟後，加入素蠔油，拌炒均勻。

09　加入飲用水，拌炒均勻。

10　加入香菇粉、白胡椒粉、鹽，拌炒均勻。

11　加入豆芽菜，拌炒均勻。

12　加入芹菜段，拌炒均勻。

13　先撈起一半的鍋中食材，備用。

14　水滾後，加入米粉，以小火炒至收汁。

15　將鍋內食材倒出，盛盤。

16　將先撈起的另一半鍋中食材，鋪在米粉上。

17　放上香菜碎，即可享用。

羅漢炒米粉製作
動態 QRcode

紅蘿蔔絲、木耳絲、金針菇、麵腸絲、素火腿絲、大白菜絲。

素蠔油。

飲用水。

香菇粉、白胡椒粉、鹽。

豆芽菜。

芹菜段。

米粉。

香菜碎。

吉祥富貴燴三鮮

使用材料 INGREDIENTS

食材

① 米粉
② 大黃瓜(切對半)……½ 條
③ 罐頭栗子……10 粒
④ 乾香菇(切片)……3 朵
⑤ 百頁豆腐(切片)……1 個
⑥ 杏鮑菇(切片)……2 條
⑦ 薑(切片)……5g
⑧ 川芎……4 片
⑨ 當歸……1 片
⑩ 紅棗……6 粒
⑪ 馬蹄(切片)……5 粒
⑫ 蓮子……10 粒
⑬ 枸杞……3g

調味料

⑭ 香菇粉……1 小匙
⑮ 白胡椒粉……1 小匙
⑯ 糖……1 大匙
⑰ 醬油……1 大匙
⑱ 香油……1 小匙
⑲ 飲用水……250cc

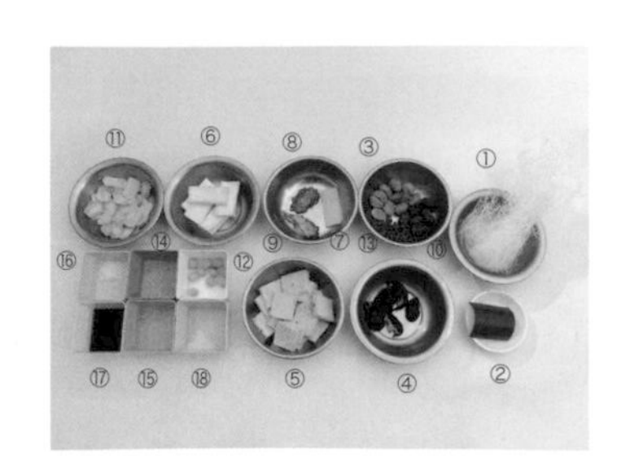

步驟說明 STEP BY STEP

前置作業

01 將乾香菇放入冷水中泡軟。

02 將香菇、百頁豆腐、杏鮑菇、馬蹄切片，大黃瓜切對半，備用。

03 米粉。

04 撈起，瀝乾。

05 大黃瓜裝飾。

06 罐頭栗子。

07 香菇片、百頁豆腐片、杏鮑菇片。

08 撈起，瀝乾。

09 薑片。

烹煮、盛盤

03　熱油鍋至150度後，放入米粉，炸至膨脹。

04　將米粉撈起，瀝乾油分後，裝飾盤面。

05　將大黃瓜切成薄片後，裝飾盤邊。

06　將罐頭栗子放入油鍋中。

07　加入香菇片、百頁豆腐片、杏鮑菇片，炸至表面金黃。

08　將鍋內食材撈起後，瀝乾油分，為過油食材，備用。

09　在鍋中倒入適量食用油後加熱，加入薑片爆香。

10　加入川芎、當歸、紅棗、飲用水、香菇粉、白胡椒粉、糖、醬油、馬蹄片，拌勻。

11　加入蓮子、過油食材，拌勻。

12　加入枸杞，拌勻。

13　淋上香油，拌炒均勻。

14　盛盤，即可享用。

吉祥富貴燴三鮮
製作動態 QRcode

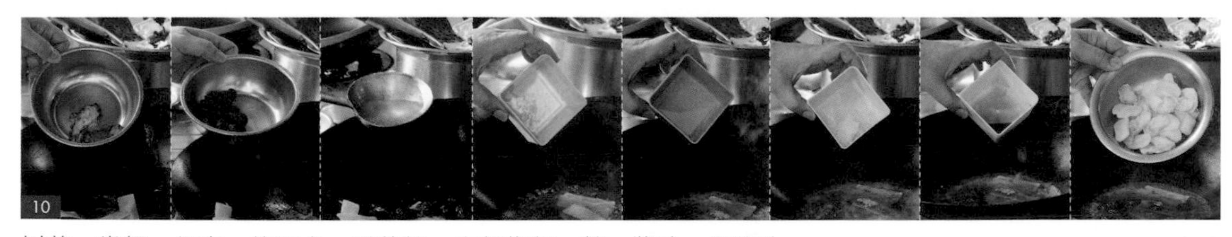

川芎、當歸、紅棗、飲用水、香菇粉、白胡椒粉、糖、醬油、馬蹄片。

蓮子、過油食材。

枸杞。

香油。

CHINESE VEGETARIAN/**06**

麻香口水菇

使用材料 INGREDIENTS

食材

- ① 杏鮑菇 2 條
- ② 花椒 3g
- ③ 薑（切末） 5g
- ④ 芹菜（切碎） 1 株
- ⑤ 辣椒（切末） 1 條
- ⑥ 香菜（切末） 10g
- ⑦ 白芝麻 5g
- ⑧ 花生碎 10g

調味料

- ⑨ 烏醋 1 小匙
- ⑩ 白醋 1 大匙
- ⑪ 醬油 1 大匙
- ⑫ 糖 1 大匙
- ⑬ 辣椒粉 1 小匙
- ⑭ 香油 1 大匙

步驟說明 STEP BY STEP

前置作業

01 將薑、香菜、辣椒切末，芹菜切碎，備用。

02 將杏鮑菇切片，備用。

花椒油製作

03 在鍋中倒入適量食用油後加熱，加入花椒炒香，以小火煉製花椒油。

04 以濾網為輔助，濾除花椒，即完成花椒油製作，備用。

醬料製作

05 取一容器，加入烏醋、白醋、醬油、糖、辣椒粉、香油、花椒油。

06 加入薑末、芹菜末、辣椒末、香菜末、白芝麻，拌勻，即完成醬料製作。

烹煮、盛盤

07 將水煮滾後，放入杏鮑菇片川燙後，取出盛盤。

08 將醬料淋在杏鮑菇片上。

09 放上花生碎，即可享用。

麻香口水菇製作動態 QRcode

02 杏鮑菇切片。

03 花椒。

05 烏醋、白醋、醬油、糖、辣椒粉、香油、花椒油。

06 薑末、芹菜末、辣椒末、香菜末、白芝麻。

07 杏鮑菇片。

08 醬料。

09 花生碎。

三杯猴菇臭豆腐

使用材料 INGREDIENTS

食材

- ① 猴頭菇(撕塊)……3朵
- ② 玉米粉……1大匙
- ③ 罐頭栗子……10粒
- ④ 臭豆腐(切丁)……3塊
- ⑤ 薑(切片)……15g
- ⑥ 辣椒(切片)……1支
- ⑦ 九層塔……37.5g

調味料

- ⑧ 麻油……3大匙
- ⑨ 糖……1大匙
- ⑩ 醬油……1大匙
- ⑪ 米酒……3大匙
- ⑫ 五香粉……1小匙

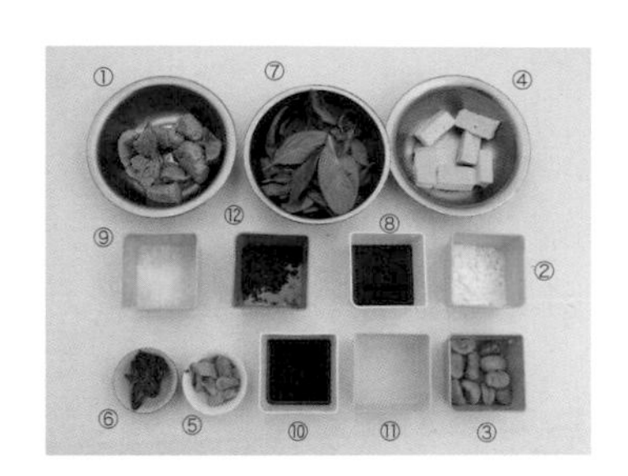

步驟說明 STEP BY STEP

前置作業

01 將薑、辣椒切片，臭豆腐切丁；用手將猴頭菇撕成塊狀。

02 將玉米粉倒入猴頭菇塊，並用手抓勻。

03 將九層塔洗淨，摘下嫩葉，備用。

烹煮

04 熱油鍋至170度後，放入猴頭菇塊，炸至金黃，撈起備用。

05 放入罐頭栗子，炸至金黃，撈起備用。

06 放入臭豆腐丁，炸至金黃，撈起備用。

07 在鍋中倒入麻油後加熱，加入薑片煸香至薑片捲起。

08 加入糖、醬油、米酒、五香粉，拌炒均勻。

09 加入辣椒片、過油的猴頭菇塊、罐頭栗子、臭豆腐丁後，以大火拌炒均勻。

10 加入九層塔炒香。

11 盛盤，即可享用。

玉米粉。

猴頭菇。

罐頭栗子。

臭豆腐丁。

麻油、薑片。

糖、醬油、米酒、五香粉。

辣椒片、過油食材。

九層塔。

三杯猴菇臭豆腐
製作動態QRcode

香酥猴頭菇

使用材料 INGREDIENTS

食材
- ① 猴頭菇（撕塊）……5朵
- ② 薑（切末）……5g
- ③ 芹菜（切碎）……1顆
- ④ 牛番茄……1個

調味料
- ⑤ 黑胡椒粉……1小匙
- ⑥ 香菇粉……1小匙
- ⑦ 鹽……1小匙
- ⑧ 脆酥粉……60g
- ⑨ 飲用水……2大匙

步驟說明 STEP BY STEP

前置作業

01 用手將猴頭菇撕成塊狀；薑切末；芹菜切碎，備用。

02 在脆酥粉中加入飲用水，調成麵糊，備用。

03 將番茄切成薄片，裝飾盤邊。

醃漬

04 取一容器，放入猴頭菇塊。

05 加入黑胡椒粉、香菇粉、鹽，並以湯匙拌勻。

06 加入薑末、芹菜碎，拌勻。

07 加入麵糊，並用手抓勻，備用。

烹煮、盛盤

08 熱油鍋至150度後，放入猴頭菇塊，炸至表面金黃。

09 將猴頭菇塊撈起後，瀝乾油分。

10 盛盤，即可享用。

番茄薄片裝飾。

黑胡椒粉、香菇粉、鹽。

薑末、芹菜碎。

麵糊。

猴頭菇塊。

撈起，瀝乾。

香酥猴頭菇製作動態 QRcode

紅燒素鮑片

使用材料 INGREDIENTS

食材

- ① 薑（切片）……5g
- ② 乾香菇（切塊）……2朵
- ③ 大白菜（切大塊）……半粒
- ④ 鮑魚菇（切塊）……5片
- ⑤ 素火腿片（切條）……2片
- ⑥ 青江菜（切對半）……5顆

調味料

- ⑦ 糖……1小匙
- ⑧ 白胡椒粉……1小匙
- ⑨ 香菇粉……1小匙
- ⑩ 素蠔油……1小匙
- ⑪ 香油……1小匙
- ⑫ 太白粉……適量
- ⑬ 飲用水……適量

步驟說明 STEP BY STEP

前置作業

01 將乾香菇放入冷水中泡軟。

02 將大白菜切大塊，鮑魚菇、香菇切塊，青江菜切對半，素火腿切條，薑切片，備用。

03 在太白粉中加入飲用水，調成太白粉水，備用。

川燙、裝飾盤面

04 準備一鍋水，煮滾，放入大白菜塊燙熟。

05 加入鮑魚菇塊、素火腿條。

03 太白粉水。

04 大白菜塊。

05 鮑魚菇塊、素火腿條。

06　將鍋內食材撈起後，瀝乾水分，為川燙食材，備用。

07　將對半青江菜放入滾水中川燙後取出，再放入冰水冰鎮，備用。

08　將對半青江菜鋪底，以裝飾盤面。

烹煮、盛盤

09　在鍋中倒入適量食用油後加熱，加入薑片爆香。

10　加入香菇塊、糖、白胡椒粉、香菇粉、川燙食材，拌炒均勻。

11　加入素蠔油，拌炒均勻。

12　慢慢加入適量太白粉水，拌勻勾芡。

13　加入香油，拌炒均勻，盛盤，即可享用。

紅燒素鮑片製作
動態 QRcode

撈起，瀝乾。

青江菜。

薑片。

香菇塊、糖、白胡椒粉、香菇粉、川燙食材。

素蠔油。

太白粉水。

香油。

五柳杏菇條

使用材料 INGREDIENTS

食材

① 大黃瓜（切片）	1 截
② 杏鮑菇（切條）	4 條
③ 薑（切絲）	10g
④ 黃甜椒（切絲）	¼ 粒
⑤ 紅甜椒（切絲）	¼ 粒
⑥ 金針菇	¼ 包
⑦ 青椒（切絲）	¼ 粒

調味料

⑧ 糖	1 大匙
⑨ 素蠔油	1 大匙
⑩ 蘋果醋	1 大匙
⑪ 檸檬汁	1 大匙
⑫ 烏醋	1 大匙
⑬ 麵粉	1 杯
⑭ 飲用水	4 大匙

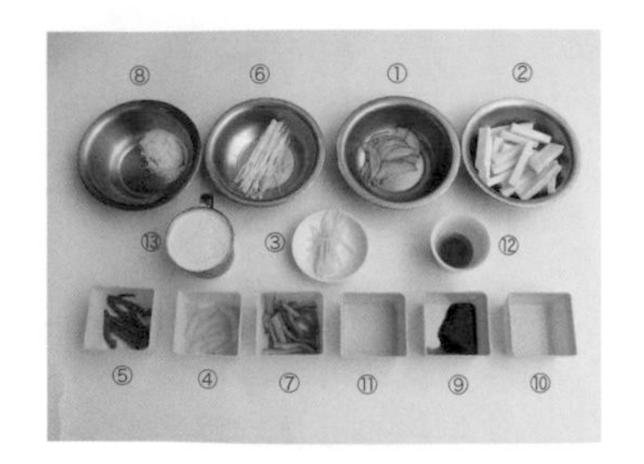

步驟說明 STEP BY STEP

前置作業

01 將杏鮑菇切條，青椒、紅甜椒、黃甜椒、薑切絲，備用。

02 將大黃瓜切成薄片，裝飾盤邊。

03 在麵粉中加入飲用水，調成麵糊，備用。

04 將杏鮑菇條放入麵糊中後，用手抓勻，備用。

川燙

05 準備一鍋水，煮滾，放入黃甜椒絲、紅甜椒絲、金針菇、青椒絲。

06 將鍋內食材撈起後，瀝乾水分，為川燙蔬菜，備用。

大黃瓜裝飾。

麵糊。

裹上麵糊。

黃甜椒絲、紅甜椒絲、金針菇、青椒絲。

烹煮、盛盤

07　在鍋中倒入適量食用油後加熱，加入薑絲爆香。

08　加入糖，並拌炒均勻。

09　加入素蠔油，拌炒均勻。

10　加入蘋果醋，拌炒均勻。

11　加入檸檬汁，拌炒均勻，為醬汁。

TIP. 可另外加太白粉水，使醬汁更油亮。

12　加入川燙蔬菜，並拌炒均勻，為調味蔬菜。

13　加入烏醋，拌炒均勻，備用。

14　熱油鍋至130度後，加入杏鮑菇條，炸至表面金黃。

15　將杏鮑菇條撈起後，瀝乾油分。

16　將杏鮑菇條盛盤。

17　在杏鮑菇條上放上調味蔬菜，即可享用。

五柳杏菇條製作
動態 QRcode

撈起，瀝乾。

薑絲。

糖。

素蠔油。

蘋果醋。

檸檬汁。

川燙蔬菜。

烏醋。

杏鮑菇。

撈起，瀝乾。

糖醋鳳梨杏菇條

使用材料 INGREDIENTS

食材

- ① 杏鮑菇（切條）…… 200g
- ② 木耳（切條）…… 1片
- ③ 青椒（切條）…… 50g
- ④ 紅甜椒（切條）…… 50g
- ⑤ 黃甜椒（切條）…… 50g
- ⑥ 鳳梨 …… ½個
- ⑦ 薑（切片）…… 10g

調味料

- ⑧ 麵粉 …… 2大匙
- ⑨ 飲用水a …… 2大匙
- ⑩ 番茄醬 …… ¼杯
- ⑪ 醬油 …… 1小匙
- ⑫ 檸檬汁 …… ¼杯
- ⑬ 糖 …… ¼杯
- ⑭ 烏醋 …… 1小匙
- ⑮ 太白粉 …… 適量
- ⑯ 飲用水b …… 適量

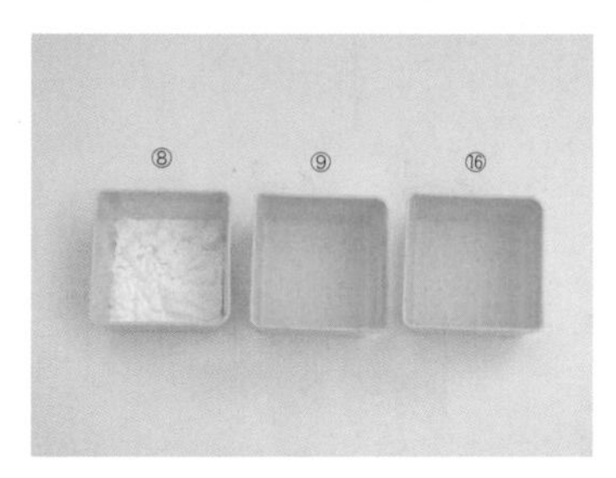

步驟說明 STEP BY STEP

前置作業

01 將杏鮑菇、木耳、青椒、紅甜椒、黃甜椒切條，薑切片，備用。

02 在太白粉中加入飲用水b，調成太白粉水，備用。

03 在麵粉中加入飲用水a，調成麵糊，備用。

鳳梨盅製作

04 取刀子，將鳳梨果肉切除。

05 以湯匙將底部修平整，為鳳梨盅。

06 將果肉切條，備用。

04 切除鳳梨果肉。

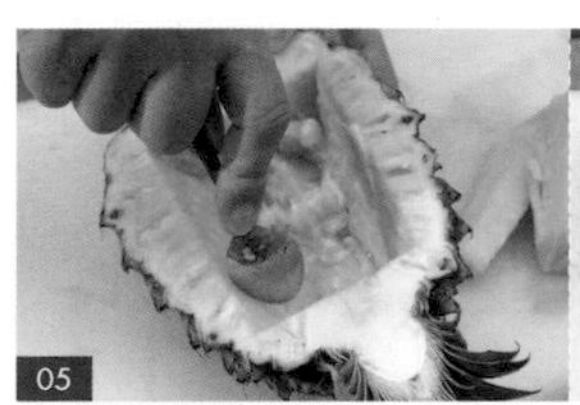

05 鳳梨盅。

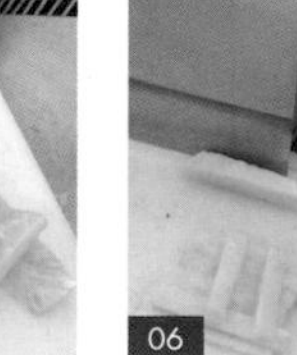

06 果肉切條。

烹煮、盛盤

07 將杏鮑菇條表面沾上麵糊，備用。

08 熱油鍋至170度後，放入杏鮑菇條、木耳條、青椒條、紅甜椒條、黃甜椒條，炸至表面金黃。

09 將鍋內食材撈起後，瀝乾油分，為過油蔬菜，備用。

10 在鍋中倒入適量食用油後加熱，加入薑片爆香。

11 將番茄醬、醬油、檸檬汁混勻後，加入鍋中。

12 加入糖、烏醋。

13 慢慢加入太白粉水勻，拌勻勾芡。

14 加入鳳梨果肉條，拌炒均勻。

15 加入過油蔬菜，拌炒均勻。

16 將食材放入鳳梨盅中，即可享用。

07
裹上麵糊。

08
杏鮑菇條、木耳條、青椒條、紅甜椒條、黃甜椒條。

10
薑片。

11
番茄醬、醬油、檸檬汁。

12
糖、烏醋。

13
太白粉水。

14
鳳梨果肉條。

15
過油蔬菜。

糖醋鳳梨杏菇條
製作動態QRcode

麻辣紅麴素肉球

使用材料 INGREDIENTS

食材

① 乾辣椒(剪段) …… 8條
② 素肉塊(切塊) …… 40g
③ 杏鮑菇(切塊) …… 1條
④ 青花椰菜(切小朵) …… 100g
⑤ 水 …… 3大匙
⑥ 紅甜椒(切片) …… ¼粒
⑦ 黃甜椒(切片) …… ¼粒

調味料

⑧ 番茄醬 …… 3大匙
⑨ 紅麴醬 …… ½大匙
⑩ 醬油 …… 1小匙
⑪ 烏醋 …… 1小匙
⑫ 白胡椒粉 …… 1小匙
⑬ 糖 …… 3大匙
⑭ 白醋 …… 3大匙
⑮ 花椒粉 …… 1小匙

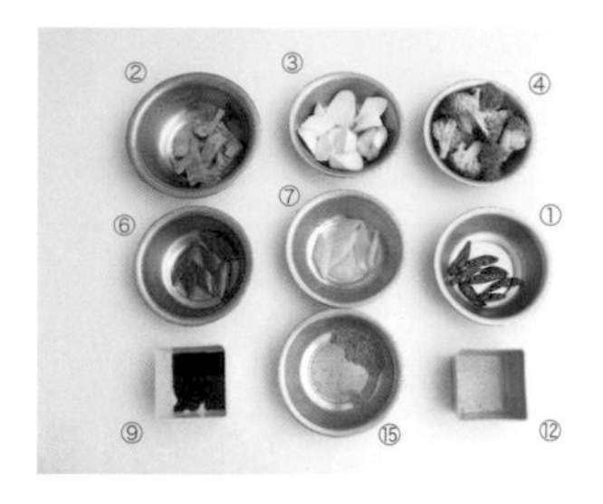

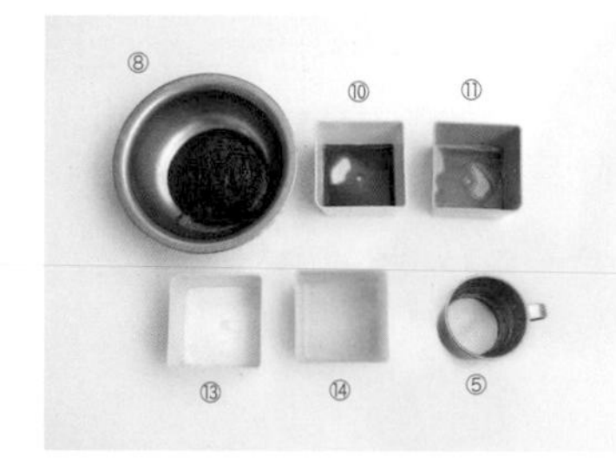

步驟說明 STEP BY STEP

前置作業

01 將杏鮑菇切滾刀塊，青花椰菜切小朵，黃甜椒、紅甜椒去籽切片；乾辣椒以剪刀剪段，備用。

烹煮、盛盤

02 準備一鍋水，煮滾，放入杏鮑菇塊。

03 加入小朵青花椰菜、黃甜椒片、紅甜椒片。

02 杏鮑菇塊。

03 小朵青花椰菜、黃甜椒片、紅甜椒片。

04 瀝乾食材。

05 青花椰菜裝飾。

06 乾辣椒段。

07 番茄醬。

08 素肉塊。

04　將鍋內食材撈起後，瀝乾水分。

05　以小朵青花椰菜裝飾盤邊。

06　在鍋中倒入適量食用油後加熱，加入乾辣椒段爆香。

07　加入番茄醬炒香。

08　加入素肉塊，拌炒均勻。

09　加入杏鮑菇，拌炒均勻。

10　加入紅麴醬、醬油、烏醋、胡椒粉。

11　加入糖、白醋、花椒粉、飲用水、紅甜椒片、黃甜椒片，拌炒均勻。

12　盛盤，即可享用。

麻辣紅麴素肉球
製作動態 QRcode

杏鮑菇。

紅麴醬、醬油、烏醋、白胡椒粉。

糖、白醋、花椒粉、飲用水、紅甜椒片、黃甜椒片。

麻婆豆腐

使用材料 INGREDIENTS

食材

① 薑（切末）	5 克
② 辣椒（切末）	1 條
③ 素火腿片（切小丁）	1 片
④ 嫩豆腐（切大丁）	1 盒
⑤ 芹菜（切碎）	1 株

調味料

⑥ 辣椒醬	1 大匙
⑦ 醬油	1 大匙
⑧ 醬油膏	1 大匙
⑨ 糖	1 大匙
⑩ 花椒粉	½ 大匙
⑪ 香油	1 小匙
⑫ 太白粉	適量
⑬ 飲用水 a	適量
⑭ 飲用水 b	4 大匙

步驟說明 STEP BY STEP

前置作業

01 將嫩豆腐切成2公分大丁，素火腿片切小丁，芹菜切碎，辣椒、薑切末，備用。

02 在太白粉中加入飲用水a，調成太白粉水，備用。

烹煮、盛盤

03 將鹽水煮滾，加入嫩豆腐大丁川燙後，取出備用。

04 在鍋中倒入適量食用油後加熱，加入辣椒醬炒香。

05 加入辣椒末、薑末爆香。

06 加入素火腿小丁。

07 從鍋邊倒入醬油嗆香。

08 加入醬油膏、糖、花椒粉，拌炒均勻。

09 加入飲用水b、嫩豆腐大丁，並燉煮至入味。

10 慢慢加入適量太白粉水，拌勻勾芡。

11 加入芹菜碎、香油，拌炒均勻。

12 盛碗，即可享用。

太白粉水。

嫩豆腐大丁。

辣椒醬。

辣椒末、薑末。

素火腿小丁。

醬油。

醬油膏、糖、花椒粉。

飲用水b、嫩豆腐大丁。

太白粉水。

芹菜碎、香油。

麻婆豆腐製作
動態 QRcode

洋菇芥菜

使用材料 INGREDIENTS

食材

① 薑(切片)	5g
② 芥菜(切段)	2把
③ 洋菇	5朵
④ 飲用水a	2大匙

調味料

⑤ 糖	1小匙
⑥ 鹽	1小匙
⑦ 香油	1小匙
⑧ 太白粉	適量
⑨ 飲用水b	適量

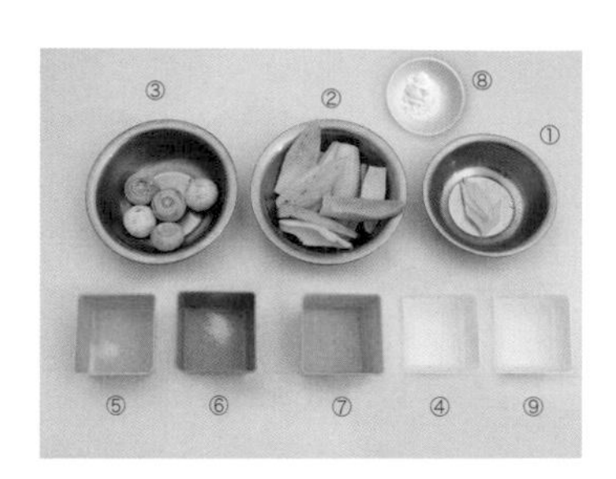

步驟說明 STEP BY STEP

前置作業

01 將芥菜切段，薑切片，備用。

02 在太白粉中加入飲用水b，調成太白粉水，備用。

烹煮、盛盤

03 準備一鍋水，加入少許鹽、少許油，煮滾。

04 加入芥菜段、洋菇，川燙2分鐘。

05 將鍋內食材撈起後，瀝乾水分，為川燙蔬菜，備用。

06 在鍋中倒入適量食用油後加熱，加入薑片爆香。

07 加入川燙蔬菜，拌炒均勻。

08 加入飲用水a、糖、鹽。

09 慢慢加入適量太白粉水，拌勻勾芡。

10 加入香油，拌勻。

11 盛盤，即可享用。

洋菇芥菜製作動態 QRcode

太白粉水。

鹽、油。

芥菜段、洋菇。

撈起，瀝乾。

薑片。

川燙蔬菜。

飲用水a、糖、鹽。

太白粉水。

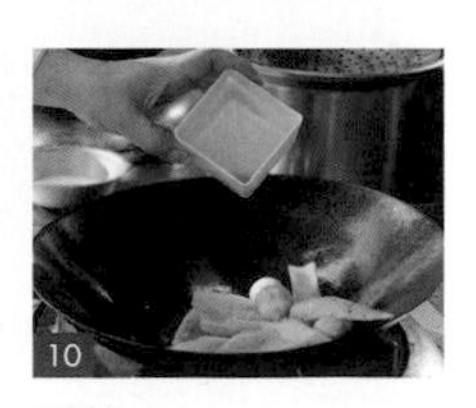

香油。

湖南小炒

使用材料 INGREDIENTS

食材		
①	豆干(切絲)	10片
②	乾木耳(切絲)	1片
③	青椒(切絲)	1條
④	紅甜椒(切絲)	1條
⑤	辣椒(切絲)	1條
⑥	薑(切絲)	5g
⑦	香菜(切碎)	37.5g

調味料		
⑧	鹽	1小匙
⑨	五香粉	1小匙
⑩	醬油膏	2大匙
⑪	麻油	1大匙

步驟說明 STEP BY STEP

01 將豆干、青椒、紅甜椒、乾木耳、辣椒、薑切絲，香菜切碎，備用。

02 熱油鍋至170度後，放入豆干絲。

03 加入木耳絲、青椒絲、紅甜椒絲。

04 將鍋內食材撈起後，瀝乾油分，為過油食材，備用。

05 在鍋中倒入適量食用油後加熱，加入辣椒絲。

06 加入薑絲爆香。

07 從鍋邊倒入醬油膏嗆香。

08 加入鹽、五香粉、過油食材，拌炒均勻。

09 加入香菜碎、麻油，拌炒均勻。

10 盛盤，即可享用。

湖南小炒製作
動態 QRcode

豆干絲。

木耳絲、青椒絲、紅甜椒絲。

撈起，瀝乾。

辣椒絲。

薑絲。

醬油膏。

鹽、五香粉、過油食材。

香菜碎、麻油。

香煎麵腸佐油漬彩椒

使用材料 INGREDIENTS

食材

① 麵腸 250g
② 紅甜椒（切片） 80g
③ 黃甜椒（切片） 80g

④ 巴薩米克醋 a 15cc
⑤ 義式香料粉 1 小匙

調味料

⑥ 鹽 a 1 小匙
⑦ 冷壓橄欖油 80cc
⑧ 巴薩米克醋 b 30cc
⑨ 糖 1 大匙
⑩ 鹽 b 1 小匙

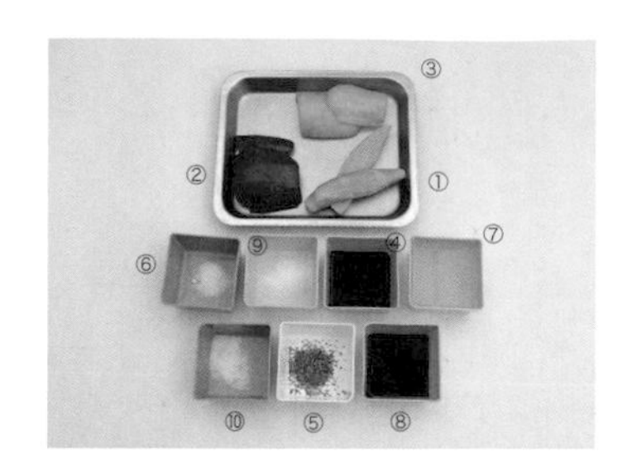

步驟說明 STEP BY STEP

前置作業

01 將麵腸切對半，紅甜椒、黃甜椒去籽切片。

麵腸醃漬

02 取一容器，放入對半麵腸後，加入巴薩米克醋 a。

03 加入義式香料粉、鹽後，拌勻，醃 10 分鐘，即完成麵腸醃漬，備用。

油漬彩椒製作

04 熱鍋，放入紅、黃甜椒片，乾煎至表皮微焦後取出。

05 將紅、黃甜椒片切條後，放入烤盤中。

06 在紅、黃甜椒條中加入冷壓橄欖油、巴薩米克醋 b、糖、鹽，拌勻，醃 15 分鐘，即完成油漬彩椒製作，備用。

組合、盛盤

07 在鍋中倒入適量食用油後加熱，放入對半麵腸，煎至兩面金黃。

08 取出麵腸，盛盤。

09 將紅、黃甜椒條放在麵腸上，即可享用。

巴薩米克醋 a。

義式香料粉、鹽。

煎紅、黃甜椒片。

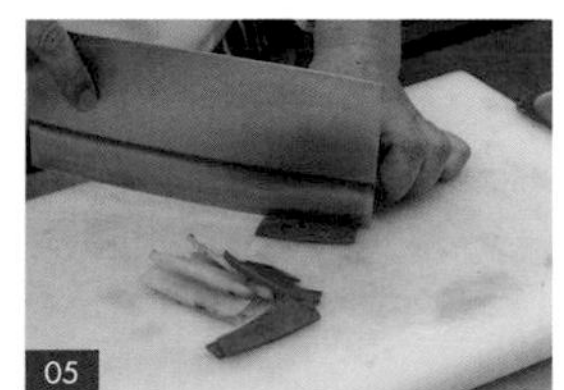

切條。

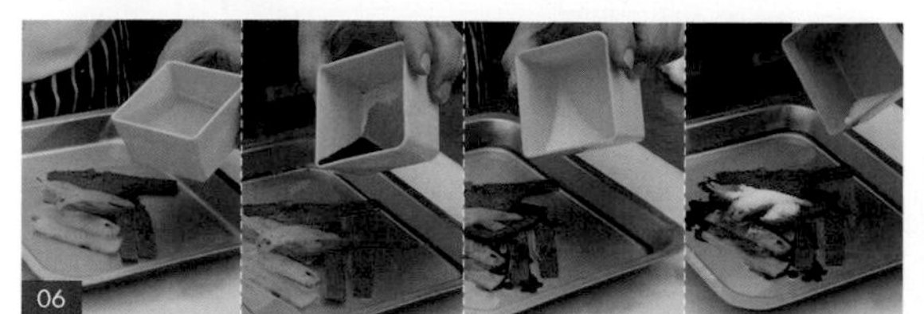

冷壓橄欖油、巴薩米克醋 b、糖、鹽。

煎麵腸。

香煎麵腸佐油漬彩椒
製作動態 QRcode

枸杞香菇燒豆包

使用材料 INGREDIENTS

食材

① 乾香菇(切片) 3朵
② 薑(切片) 5g
③ 生豆包 4片
④ 青豆仁 10g
⑤ 枸杞 5g

調味料

⑥ 醬油 3大匙
⑦ 糖 1大匙
⑧ 飲用水 30cc

步驟說明 STEP BY STEP

前置作業

01 將乾香菇放入冷水中泡軟。

02 將香菇切除蒂頭後切片，薑切片，備用。

烹煮、盛盤

03 熱油鍋至160度後，放入一個生豆包，炸數秒後，再放入另一個生豆包，以防止沾黏。

04 重複步驟3，將所有生豆包放入油鍋，炸至兩面金黃。

05 將豆包撈起後，瀝乾油分。

06 將豆包切塊，備用。

07 在鍋中倒入適量食用油後加熱，放入香菇片炒香。

08 加入薑片爆香。

09 加入糖，拌勻。

10 加入醬油、飲用水、豆包塊、枸杞、青豆仁，拌炒均勻。

11 盛盤，即可享用。

枸杞香菇燒豆包製作動態QRcode

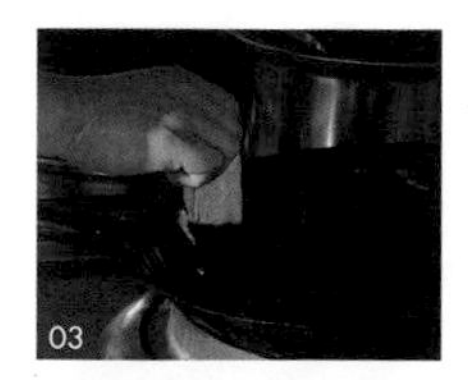

生豆包。

撈起，瀝乾。

切塊。

香菇片。

薑片。

糖。

醬油、飲用水、豆包塊、枸杞、青豆仁。

紅燒豆包

使用材料 INGREDIENTS

食材

① 薑(切片) 5g
② 乾香菇(切片) 4朵
③ 紅蘿蔔(切水花片) ¼條
④ 生豆包 6片
⑤ 小黃瓜(切片) 1條
⑥ 香菜 1株

調味料

⑦ 醬油 1大匙
⑧ 鹽 1小匙
⑨ 糖 1小匙
⑩ 白胡椒粉 1小匙
⑪ 飲用水 30cc

步驟說明 STEP BY STEP

前置作業

01 將乾香菇放入冷水中泡軟。

02 將香菇、薑切片，紅蘿蔔切水花片，小黃瓜切片，香菜切碎，備用。

烹煮、盛盤

03 將水煮滾後，放入紅蘿蔔水花片川燙後，取出備用。

04 加入小黃瓜片川燙後，取出備用。

05 熱油鍋至160度後，放入一個生豆包，炸數秒後，再放入另一個生豆包，以防止沾黏。

06 重複步驟5，將所有生豆包放入油鍋，炸至兩面金黃。

07 將豆包撈起後，瀝乾油分。

03 紅蘿蔔水花片。

04 撈起，瀝乾。

05 小黃瓜片。

07 生豆包。

08　將豆包切塊，備用。

09　在鍋中倒入適量食用油後加熱，放入薑片爆香。

10　加入香菇片炒香。

11　從鍋邊倒入醬油嗆香。

12　加入紅蘿蔔水花片，拌炒均勻。

13　加入豆包塊，拌炒均勻。

14　加入鹽、糖、白胡椒粉、飲用水、小黃瓜，以小火燉煮5分鐘至收汁。

15　盛盤，撒上香菜碎，即可享用。

紅燒豆包製作
動態 QRcode

切塊。

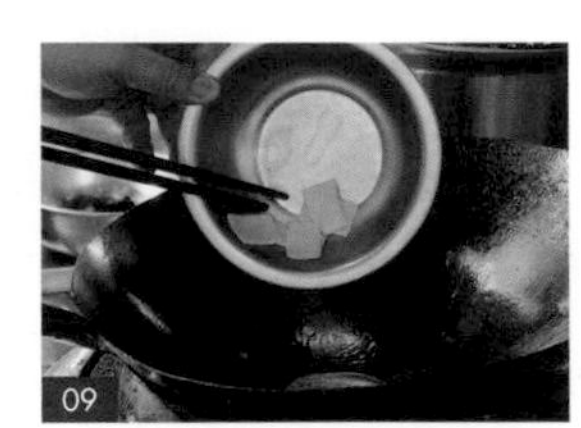

薑片。

香菇片。

醬油。

紅蘿蔔水花片。

豆包塊。

鹽、糖、白胡椒粉、飲用水、小黃瓜。

CHAPTER

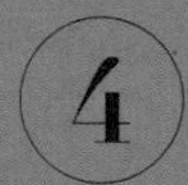

蔬食 VEGETABLE FOOD

VEGETABLE FOOD/01

九層塔餘香茄子

使用材料 INGREDIENTS

食材

- ① 薑（切末）…… 5g
- ② 麵腸（切末）…… 1 條
- ③ 馬蹄（切末）…… 2 粒
- ④ 茄子（切條）…… 2 條
- ⑤ 芹菜（切碎）…… 1 株
- ⑥ 九層塔 …… 37.5g

調味料

- ⑦ 辣椒醬 …… 1 大匙
- ⑧ 鹽 …… 1 大匙
- ⑨ 糖 …… 1 大匙
- ⑩ 烏醋 …… 1 小匙
- ⑪ 醬油 …… 1 大匙
- ⑫ 白醋 …… 1 小匙
- ⑬ 太白粉 …… 適量
- ⑭ 飲用水 b …… 適量
- ⑮ 飲用水 a …… 10cc

步驟說明 STEP BY STEP

前置作業

01 將薑、馬蹄、麵腸切末，茄子切條，芹菜切碎，備用。

02 將九層塔洗淨，摘下嫩葉，備用。

03 在太白粉中加入飲用水b，調成太白粉水，備用。

烹煮、盛盤

04 熱油鍋至160度後，放入茄子條過油以定色。

05 將茄子條撈起後，瀝乾油分，備用。

06 在鍋中倒入適量食用油後加熱，加入辣椒醬爆香。

太白粉水。

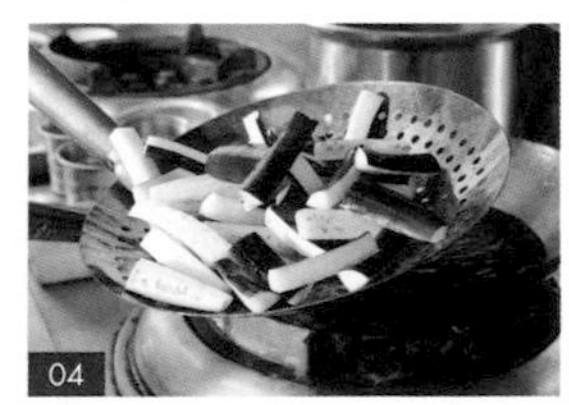

茄子條。

撈起，瀝乾。

辣椒醬。

07 加入薑末爆香。

08 加入麵腸末、馬蹄末，拌炒均匀。

09 加入鹽、糖、烏醋、醬油，拌炒均匀。

10 加入芹菜碎，拌炒均匀。

11 加入飲用水a，拌炒均匀。

12 加入茄子條，拌炒均匀。

13 慢慢加入適量太白粉水，拌匀勾芡。

14 加入白醋。

15 加入九層塔炒香。

16 盛盤，即可享用。

九層塔餘香茄子
製作動態 QRcode

薑末。

麵腸末、馬蹄末。

鹽、糖、烏醋、醬油。

芹菜碎。

飲用水a。

茄子條。

太白粉水。

白醋。

九層塔。

VEGETABLE FOOD / 02

味噌蘿蔔

使用材料 INGREDIENTS

食材
- ① 白蘿蔔(切條)……1顆
- ② 葡萄柚汁……240cc
- ③ 蘋果(切片)……1粒

調味料
- ④ 味噌……120cc
- ⑤ 糖……1大匙

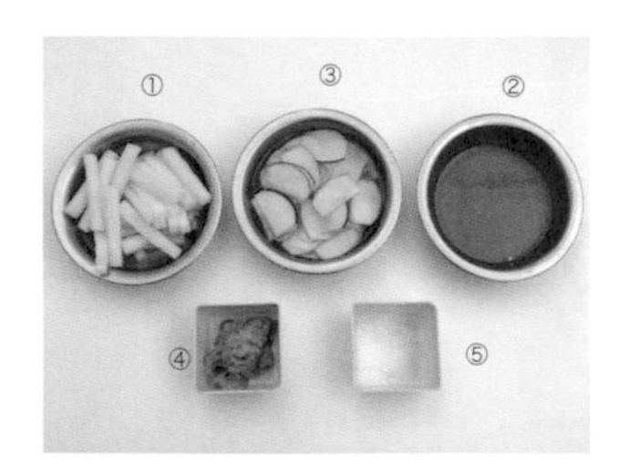

步驟說明 STEP BY STEP

前置作業

01 將蘿蔔去皮切條；蘋果帶皮去籽後，切0.3公分薄片。

02 將蘋果片泡入鹽水中，以防止變色，備用。

醃漬、盛盤

03 取一容器，放入味噌。

04 加入糖、葡萄柚汁後，用手抓勻，為醬料。

05 將醬料倒入白蘿蔔中後，用手抓勻。

06 將蘋果片撈起瀝乾後，加入白蘿蔔中，並用手抓勻。

07 醃漬30分鐘後，盛盤，即可享用。

味噌蘿蔔製作動態QRcode

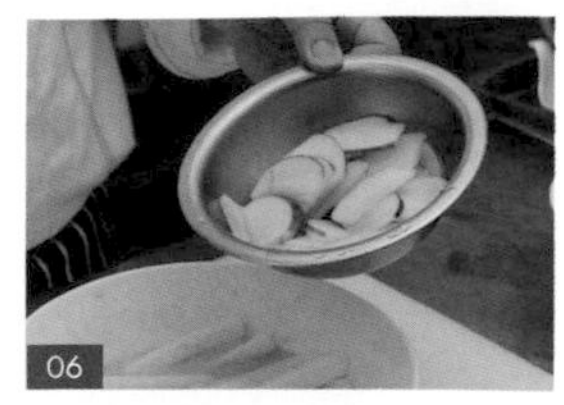

VEGETABLE FOOD / 03

梅乾味苦瓜

使用材料 INGREDIENTS

食材
- ① 薑（切末）……5g
- ② 梅乾菜（切末）……2兩
- ③ 辣椒（切段）…1條
- ④ 白苦瓜（切塊）……1條
- ⑤ 白話梅……3粒

調味料
- ⑥ 糖……1大匙
- ⑦ 醬油……1大匙

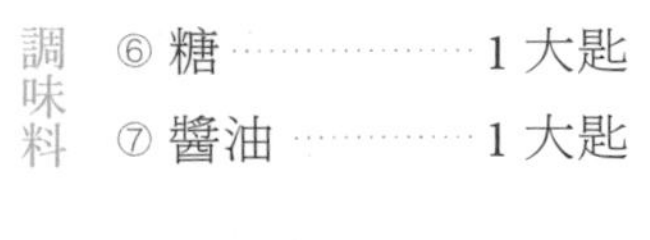

步驟說明 STEP BY STEP

前置作業

01 將梅乾菜放入水中泡軟。

02 將苦瓜去籽切塊，辣椒切段，梅乾菜切小段，備用。

梅乾味苦瓜製作

03 熱油鍋至170度後，放入苦瓜塊，炸至體積稍微縮小。

04 將苦瓜撈起後，瀝乾油分，備用。

05 放入辣椒段過油，撈起，瀝乾油分，備用。

06 在鍋中倒入適量食用油後加熱，加入薑末爆香。

07 加入梅乾菜炒香。

08 加入辣椒段爆香。

09 加入糖、醬油、苦瓜塊、白話梅。

10 加水淹過食材後，燜煮至苦瓜軟透。

11 盛盤，即可享用。

梅乾味苦瓜製作動態 QRcode

VEGETABLE FOOD / 04

台式酸甜酸菜

使用材料 INGREDIENTS

食材
① 辣椒（切成辣椒圈）……2 條
② 酸菜心（切丁）……600g

調味料
③ 糖……3 大匙
④ 醬油……1 大匙

步驟說明 STEP BY STEP

前置作業

01 將酸菜心切丁，辣椒切成辣椒圈，備用。

烹煮、盛碗

02 在鍋中倒入適量食用油後加熱，加入辣椒圈爆香。

03 加入糖，拌炒均勻。

04 加入酸菜丁，拌炒均勻。

05 從鍋邊倒入醬油嗆香，並拌炒至收汁。

06 盛盤，即可享用。

台式酸甜酸菜
製作動態 QRcode

乾煸四季豆

使用材料 INGREDIENTS

食材

- ① 辣椒（切末）……1條
- ② 老薑（切末）……5g
- ③ 碎蘿蔔乾……15g
- ④ 冬菜……5g
- ⑤ 四季豆……300g

調味料

- ⑥ 鹽……1小匙
- ⑦ 糖……1小匙
- ⑧ 醬油膏……1小匙
- ⑨ 白胡椒粉……1小匙

步驟說明 STEP BY STEP

前置作業

01 將碎蘿蔔乾、冬菜分別放入水中浸泡5分鐘後，瀝乾水分，備用。

02 將辣椒、老薑切末；將四季豆掐去頭尾，摘除豆筋，備用。

烹煮、盛盤

03 熱油鍋至150度後，放入四季豆過油並撈起。

04 將油鍋熱至170度，放入四季豆，炸至表面有皺紋後撈起，瀝乾油分，備用。

05 在鍋中倒入適量食用油後加熱，加入辣椒末爆香。

06 加入薑末爆香。

07 加入碎蘿蔔乾、冬菜炒香。

08 加入四季豆，拌炒均勻。

09 加入鹽、糖，拌炒均勻。

10 從鍋邊倒入醬油膏嗆香。

11 加入白胡椒粉，拌炒均勻。

12 盛盤，即可食用。

第一次過油。

第二次過油。

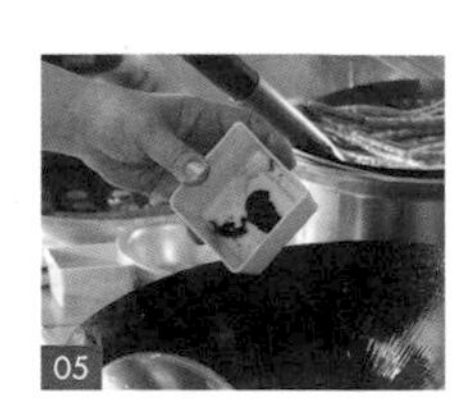

辣椒末。

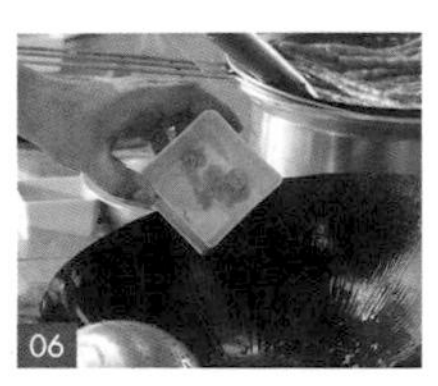

薑末。

碎蘿蔔乾、冬菜。

四季豆。

鹽、糖。

醬油膏。

白胡椒粉。

乾煸四季豆製作動態QRcode

VEGETABLE FOOD / 06

紅棗高麗菜

使用材料 INGREDIENTS

食材		調味料	
① 薑（切片）	5g	④ 醬油膏	1 大匙
② 紅棗（對切）	10 粒	⑤ 鹽	1 小匙
③ 高麗菜（撕小片）	半粒		

步驟說明 STEP BY STEP

前置作業

01 將高麗菜對切後，用手撕成小片，備用。

02 將紅棗洗淨對切後去籽；將薑切片，備用。

烹煮、盛盤

03 在鍋中倒入適量食用油後加熱，加入薑片爆香。

04 加入對切紅棗、高麗菜小片，拌炒均勻。

05 加入醬油膏，拌炒均勻。

06 加入鹽，以小火燜至收汁。

07 盛盤，即可享用。

紅棗高麗菜製作
動態 QRcode

薑片。

對切紅棗、高麗菜小片。

醬油膏。

鹽。

雙椒黃豆芽

使用材料 INGREDIENTS

食材

① 薑(切絲) 5g
② 黃豆芽 200g
③ 青椒(切絲) ½ 粒
④ 紅甜椒(切絲) ½ 粒

調味料

⑤ 醬油膏 1 小匙
⑥ 白胡椒粉 1 小匙
⑦ 花椒粉 1 小匙
⑧ 鹽 1 小匙
⑨ 香油 1 小匙

步驟說明 STEP BY STEP

前置作業

01 將青椒、紅甜椒、薑切絲，備用。

川燙

02 準備一鍋水，煮滾，放入黃豆芽。

03 加入青椒絲、紅甜椒絲。

04 將鍋內食材撈起後，瀝乾水分，為川燙蔬菜。

烹煮、盛盤

05 在鍋中倒入適量食用油後加熱，加入薑絲爆香。

06 加入醬油膏、白胡椒粉、花椒粉、川燙蔬菜，拌炒均勻。

07 加入鹽、香油，拌炒均勻。

08 盛盤，即可享用。

黃豆芽。

青椒絲、紅甜椒絲。

撈起，瀝乾。

薑絲。

醬油膏、白胡椒粉、花椒粉、川燙蔬菜。

鹽、香油。

雙椒黃豆芽製作
動態 QRcode

沙茶炒箭筍

使用材料 INGREDIENTS

食材
- ① 辣椒（切末）⋯⋯ 1 條
- ② 薑（切末）⋯⋯ 5g
- ③ 筍筍 ⋯⋯ 2 包（約 15 條）

調味料
- ④ 醬油 ⋯⋯ 1 小匙
- ⑤ 醬油膏 ⋯⋯ 1 小匙
- ⑥ 素沙茶 ⋯⋯ 2 大匙
- ⑦ 糖 ⋯⋯ 1 大匙
- ⑧ 太白粉 ⋯⋯ 適量
- ⑨ 飲用水 a ⋯⋯ 2 大匙
- ⑩ 飲用水 b ⋯⋯ 適量

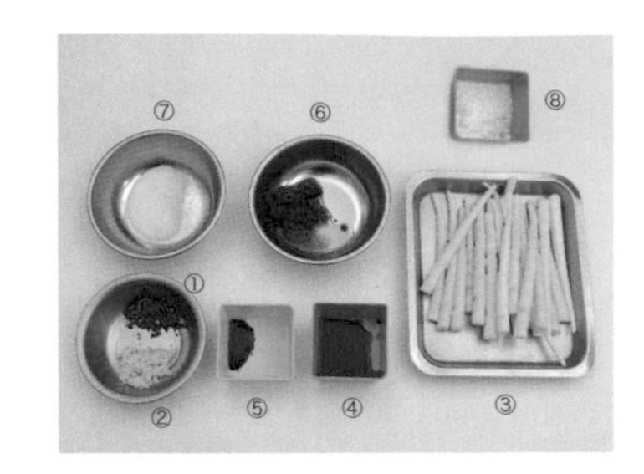

步驟說明 STEP BY STEP

前置作業

01 將辣椒、薑切末，筍筍斜切成約3公分長段，備用。

02 在太白粉中加入飲用水b，調成太白粉水，備用。

烹煮、盛盤

03 將水煮滾後，倒入筍筍段川燙2分鐘後，取出備用。

04 在鍋中倒入適量食用油後加熱，加入辣椒末、薑末爆香。

05 加入醬油、醬油膏、素沙茶、飲用水a、糖、筍筍段，拌炒均勻。

06 慢慢加入適量太白粉水，拌勻勾芡。

07 盛盤，即可享用。

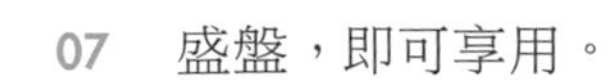

沙茶炒筍筍製作
動態 QRcode

01 斜切筍筍。

02 太白粉水。

03 筍筍段。

04 辣椒末、薑末。

05 醬油、醬油膏、素沙茶、飲用水a、糖、筍筍段。

06 太白粉水。

油燜雙冬

使用材料 INGREDIENTS

食材
① 乾香菇……10朵
② 竹筍(切塊)……5條
③ 沙拉油……1大匙

調味料
④ 醬油膏……½大匙
⑤ 糖……1小匙
⑥ 鹽……1小匙
⑦ 麻油……1小匙
⑧ 太白粉……適量
⑨ 飲用水a……2大匙
⑩ 飲用水b……適量

步驟說明 STEP BY STEP

前置作業

01 將乾香菇放入冷水中泡軟。

02 將香菇去蒂頭；竹筍去殼後，切成滾刀塊。

03 在太白粉中加入飲用水b，調成太白粉水，備用。

烹煮、盛盤

04 在鍋中倒入沙拉油後加熱，加入香菇爆香。

05 加入醬油膏，拌炒均勻。

06 加入竹筍塊、糖、鹽、飲用水a後，以小火煮20分鐘。

07 慢慢加入適量太白粉水，拌勻勾芡。

08 加入麻油。

09 盛盤，即可享用。

太白粉水。

香菇。

醬油膏。

油燜雙冬製作動態QRcode

竹筍塊、糖、鹽、飲用水a。

太白粉水。

麻油。

VEGETABLE FOOD/10

白果燴芥菜

使用材料 INGREDIENTS

食材

- ① 薑（切片）…… 10g
- ② 紅蘿蔔（切片）…… 20g
- ③ 芥菜心（切片）…… 1 粒
- ④ 白果 …… 150g

調味料

- ⑤ 糖 …… 1 小匙
- ⑥ 味精 …… 1 小匙
- ⑦ 鹽 …… 1 小匙
- ⑧ 米酒 …… 1 小匙
- ⑨ 香油 …… 1 小匙
- ⑩ 太白粉 …… 適量
- ⑪ 飲用水 …… 適量

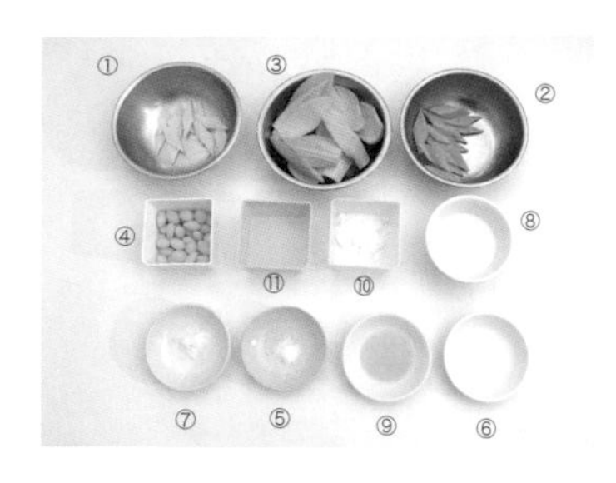

步驟說明 STEP BY STEP

前置作業

01 將薑、芥菜心、紅蘿蔔切片，備用。

02 在太白粉中加入飲用水，調成太白粉水，備用。

川燙

03 準備一鍋水，煮滾，倒入紅蘿蔔片。

04 將紅蘿蔔片撈起，瀝乾水分後，泡入冰水冰鎮，備用。

05 加入芥菜片、白果。

06 將鍋內食材撈起後，瀝乾水分，為川燙蔬菜，備用。

烹煮、盛盤

07 在鍋中倒入適量食用油後加熱，加入薑片爆香。

08 加入川燙蔬菜、糖、味精、鹽、米酒，拌炒均勻。

09 慢慢加入適量太白粉水，拌勻勾芡。

10 加入香油，拌炒均勻

11 盛盤，即可享用。

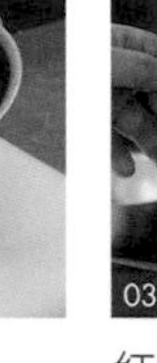

02 太白粉水。

03 紅蘿蔔片。

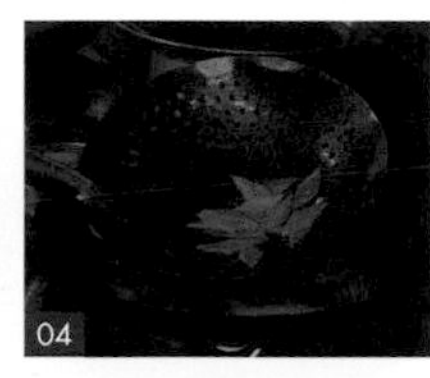

04 撈起，瀝乾。

05 芥菜片、白果。

06 撈起，瀝乾，為川燙蔬菜。

07 薑片。

08 川燙蔬菜、糖、味精、鹽、米酒。

09 太白粉水。

10 香油。

白果燴芥菜製作動態 QRcode

雪菜燴南瓜

使用材料 INGREDIENTS

食材		調味料	
① 薑(切末)	5g	⑤ 鹽	1小匙
② 辣椒(切片)	1條	⑥ 糖	1小匙
③ 雪菜(切末)	200g	⑦ 醬油膏	2大匙
④ 栗子南瓜(切塊)	1粒	⑧ 白胡椒粉	1小匙

步驟說明 STEP BY STEP

前置作業

01 將栗子南瓜去籽去皮後切塊，辣椒切片，雪菜切末，備用。

烹煮、盛盤

02 在鍋中倒入適量食用油後加熱，加入薑末爆香。

03 加入辣椒片炒香。

04 加入雪菜末，拌炒均勻。

05 加入鹽、糖、醬油膏、白胡椒粉、栗子南瓜塊。

06 加水淹過食材後，以小火燉煮10分鐘至南瓜軟透。

07 盛盤，即可享用。

薑末。

辣椒片。

雪菜末。

雪菜燴南瓜製作動態 QRcode

鹽、糖、醬油膏、白胡椒粉、栗子南瓜塊。

加水淹過。

吉利山藥球

使用材料 INGREDIENTS

食材

- ① 山藥（切片）⋯⋯ 300g
- ② 馬鈴薯（切片）⋯⋯ 1 粒
- ③ 麵粉 ⋯⋯ 50g
- ④ 素火腿（切小丁）⋯⋯ 2 片
- ⑤ 青豆仁 ⋯⋯ 15g

調味料

- ⑥ 白胡椒粉 ⋯⋯ 1 小匙
- ⑦ 鹽 ⋯⋯ 1 小匙
- ⑧ 糖 ⋯⋯ 1 小匙
- ⑨ 麵包粉 ⋯⋯ 200g
- ⑩ 脆酥粉 ⋯⋯ 100g
- ⑪ 飲用水 ⋯⋯ 4 大匙

步驟說明 STEP BY STEP

前置作業

01 將山藥、馬鈴薯去皮切片，素火腿切小丁，備用。

02 在脆酥粉中加入飲用水，調成麵糊，備用。

烹煮、盛盤

03 將山藥片、馬鈴薯片放入蒸鍋，蒸15分鐘後取出。

04 以湯匙背面將山藥片、馬鈴薯片壓成泥狀。

05 加入白胡椒粉、鹽、糖。

06 加入麵粉、素火腿小丁、青豆仁後拌勻，為山藥泥，備用。

07 用手抓取山藥泥搓揉成團，放在烤盤上，為山藥球。

08 將山藥球表面沾上麵糊。

09 在麵糊上沾上麵包粉。

10 熱油鍋至160度後，放入山藥球，並持續翻動以防止上色不均。

11 炸至表面金黃後，將山藥球撈起，並瀝乾油分。

12 盛盤，即可享用。

02 麵糊。

03 蒸山藥、馬鈴薯片。

04 壓泥。

05 白胡椒粉、鹽、糖。

06 麵粉、素火腿小丁、青豆仁。

07 搓團，放上烤盤。

08 裹上麵糊。

09 沾麵包粉。

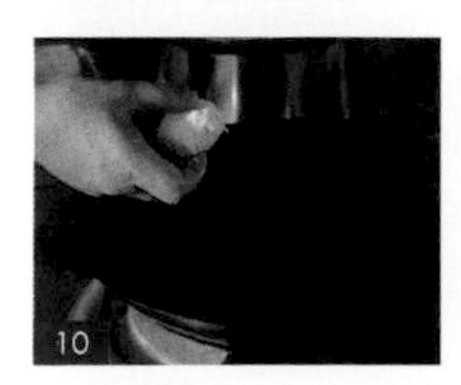

10 炸山藥球。

11 撈起，瀝乾。

吉利山藥球製作動態 QRcode

VEGETABLE FOOD / 13

翡翠竹笙

使用材料 INGREDIENTS

食材

① 竹笙 ⋯⋯ 10支
② 紫山藥（切條）⋯⋯ 300g
③ 紅甜椒（切條）⋯⋯ ¼粒
④ 青豆仁 ⋯⋯ 150g

調味料

⑤ 鹽 ⋯⋯ 1小匙
⑥ 糖 ⋯⋯ 1小匙
⑦ 香菇粉 ⋯⋯ 1小匙
⑧ 香油 ⋯⋯ 5cc
⑨ 太白粉 ⋯⋯ 適量
⑩ 飲用水 ⋯⋯ 適量

步驟說明 STEP BY STEP

前置作業

01 將竹笙放入水中泡軟後，取出。

02 將竹笙軟爛部分切除、雜質去除；將紫山藥切條，紅甜椒去籽切條，備用。

03 在太白粉中加入飲用水，調成太白粉水，備用。

翡翠竹笙製作

04 將紫山藥條、紅甜椒條放入竹笙中。

05 將竹笙放入蒸鍋，蒸10分鐘後取出。

06 將青豆仁倒入調理機中，並加水淹過後，打成青豆漿。

07 將青豆漿倒入鍋中。

08 加入鹽、糖、香菇粉後，開火。

09 慢慢加入適量太白粉水，拌勻勾芡。

10 加入香油並拌勻，為醬料。

11 將醬料盛碗後，放上竹笙，即可享用。

太白粉水。

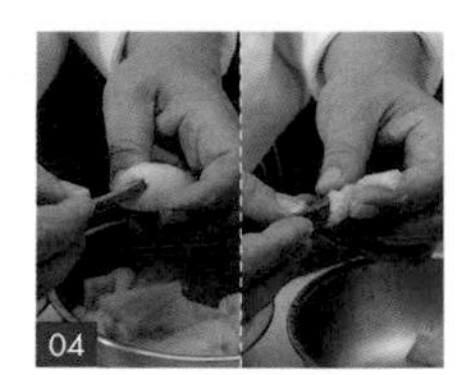

紫山藥條、紅甜椒條。

蒸竹笙。

青豆漿。

倒入鍋中。

鹽、糖、香菇粉。

太白粉水。

香油。

翡翠竹笙製作
動態 QRcode

酥皮百合塔

使用材料 INGREDIENTS

食材

① 薑（切末）……5g
② 乾香菇（切丁）……3朵
③ 紅甜椒（切丁）……半個
④ 黃甜椒（切丁）……半個
⑤ 百合（切片）……2個
⑥ 百果……250g
⑦ 青豆仁……30g
⑧ 青花椰菜（切小朵）……1朵
⑨ 蛋塔酥皮……10個

調味料

⑩ 白胡椒粉……1小匙
⑪ 香菇粉……1小匙
⑫ 鹽……1小匙
⑬ 香油……1小匙
⑭ 太白粉……適量
⑮ 飲用水……適量

步驟說明 STEP BY STEP

前置作業

01 將乾香菇放入冷水中泡軟。

02 將紅甜椒、黃甜椒、香菇切丁，薑切末，青花椰菜切小朵，百合切片，備用。

03 在太白粉中加入飲用水，調成太白粉水，備用。

04 將蛋塔酥皮以烤箱上火180度、下火180度烤酥，備用。

烹煮

05 準備一鍋水，煮滾，倒入小朵青花椰菜。

06 將小朵青花椰菜撈起後，瀝乾水分，備用。

03 太白粉水。

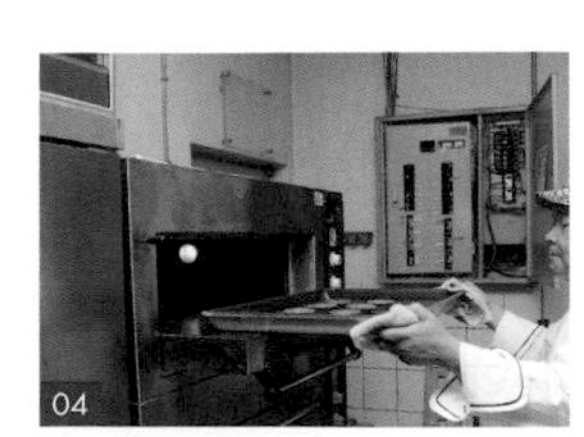

04 烤蛋塔酥皮。

05 小朵青花椰菜。

06 撈起，瀝乾。

07 加入百合片、白果。

08 將鍋內食材撈起後，瀝乾水分，為川燙蔬菜，備用。

09 在鍋中倒入適量食用油後加熱，加入薑末爆香。

10 加入香菇末爆香。

11 加入紅甜椒丁、黃甜椒丁、白胡椒粉、香菇粉、鹽、青豆仁、川燙蔬菜，拌炒均勻。

12 慢慢加入適量太白粉水，拌勻勾芡。

13 加入香油，拌勻，為內餡。

14 以湯匙將內餡放入蛋塔酥皮中。

15 放入小朵青花椰菜，即可享用。

酥皮百合塔製作
動態 QRcode

百合片、白果。

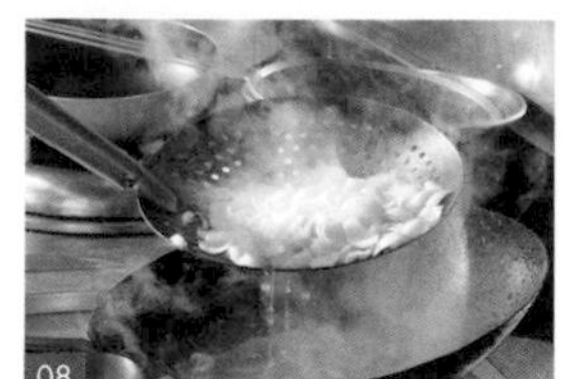

撈起，瀝乾。

薑末。

香菇末。

紅甜椒丁、黃甜椒丁、白胡椒粉、香菇粉、鹽、青豆仁、川燙蔬菜。

太白粉水。

香油。

內餡。

青花椰菜。

筍乾扣冬瓜帽

使用材料 INGREDIENTS

食材

- ① 乾香菇（切片）……5朵
- ② 薑（切片）……5g
- ③ 辣椒（切片）……1條
- ④ 八角……1粒
- ⑤ 筍乾……150g
- ⑥ 冬瓜頭或尾（挖除籽）……600g
- ⑦ 素火腿（打成泥）……200cc
- ⑧ 青江菜（對切）……10顆
- ⑨ 飲用水a……1杯

調味料

- ⑩ 醬油……2大匙
- ⑪ 素蠔油a……1大匙
- ⑫ 糖……2大匙
- ⑬ 素蠔油b……1大匙
- ⑭ 番茄醬……1大匙
- ⑮ 味精……1大匙
- ⑯ 鹽……1大匙
- ⑰ 香油……1大匙
- ⑱ 太白粉……適量
- ⑲ 飲用水b……適量

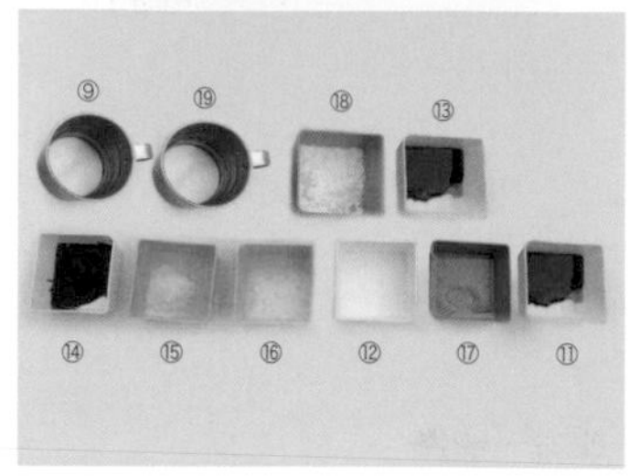

步驟說明 STEP BY STEP

前置作業

01 將冬瓜去皮後，將籽挖除。

02 以湯匙將邊緣修平整，為冬瓜帽，備用。

03 將乾香菇放入冷水中泡軟。

04 將薑、辣椒、香菇切片，青江菜對切，素火腿打成泥，備用。

05 在素蠔油b中加入飲用水a，調成素蠔油水，備用。

06 在太白粉中加入飲用水b，調成太白粉水，備用。

內餡製作

07 準備一鍋水，煮滾，加入少許鹽、少許油。

太白粉水。

鹽、油。

川燙青江菜；放入冰水。

香菇片。

薑片、辣椒片。

醬油、素蠔油a、糖、八角、筍乾。

08 將對切青江菜放入滾水中川燙後取出，再放入冰水冰鎮，備用。

09 在鍋中倒入適量食用油後加熱，加入香菇片炒香。

10 加入薑片、辣椒片爆香。

11 加入醬油、素蠔油a、糖、八角、筍乾拌勻。

12 加水淹過食材後，以小火燉煮30分鐘至收汁，內餡製作完成。

組合、盛盤

13 取一鋼碗，放入冬瓜帽。

14 以湯匙取出八角後，將內餡放入冬瓜帽中。

15 加入素火腿泥，以湯匙鋪平。

16 將鋼碗放入蒸鍋，蒸90分鐘後取出。

17 在鋼碗上放上盤子後翻轉，以倒扣冬瓜帽。

18 以對切青江菜裝飾盤邊。

19 在鍋中倒入飲用水a後，開火，加入素蠔油水。

20 加入番茄醬、味素、鹽，並拌勻。

21 慢慢加入適量太白粉水，拌勻勾芡，為醬汁。

22 加入香油，並拌勻。

23 將醬汁淋上冬瓜帽，即可享用。

加水淹過。

冬瓜帽放入鋼碗。

內餡。

素火腿泥；鋪平。

放入蒸鍋，蒸後取出。

放上盤子，倒扣冬瓜帽。

青江菜裝飾。

素蠔油水。

番茄醬、味素、鹽。

太白粉水。

香油。

筍乾扣冬瓜帽製作
動態 QRcode

雪藏冬瓜封

使用材料 INGREDIENTS

食材
- ① 薑（切末）20g
- ② 素火腿（切小丁）2片
- ③ 紅蘿蔔（切小丁）30g
- ④ 豆干（切小丁）2塊
- ⑤ 香菇（切小丁）2朵
- ⑥ 罐頭玉米粒 20g
- ⑦ 青豆仁 10g
- ⑧ 青江菜（對切）5顆
- ⑨ 冬瓜頭或尾（挖除籽）600g

調味料
- ⑩ 白胡椒粉 1小匙
- ⑪ 鹽 1小匙
- ⑫ 糖 1小匙
- ⑬ 蠔油 1大匙
- ⑭ 太白粉 適量
- ⑮ 飲用水a 1杯
- ⑯ 飲用水b 適量

步驟說明 STEP BY STEP

前置作業

01 將冬瓜去皮後，將籽挖除。

02 以湯匙將邊緣修平整，為冬瓜封，備用。

03 將乾香菇放入冷水中泡軟。

04 將紅蘿蔔、香菇、素火腿、豆干切成0.5公分小丁，薑切末，青江菜對切，備用。

05 在太白粉中加入飲用水b，調成太白粉水，備用。

內餡製作

06 準備一鍋水，煮滾，加入少許鹽、少許油。

07 將對切青江菜放入滾水中川燙後取出，再放入冰水冰鎮，備用。

08 在鍋中倒入適量食用油後加熱，加入薑末爆香。

05 太白粉水。

07 青江菜。

08 薑末。

09　加入素火腿小丁、紅蘿蔔小丁、豆干小丁、香菇小丁、罐頭玉米粒、白胡椒粉、鹽、糖，拌炒均勻。

10　加入青豆仁後，拌炒均勻，內餡製作完成。

組合、盛盤

11　取一鋼碗，放入冬瓜封。

12　將內餡放入冬瓜封中後，將鋼碗放入蒸鍋，蒸25分鐘。

13　以對切青江菜裝飾盤邊。

14　將鋼碗取出，倒扣在盤上，為雪藏冬瓜封。

15　在鍋中倒入飲用水a後，開火，加入素蠔油。

16　慢慢加入適量太白粉水，拌勻勾芡，為醬汁。

17　將醬汁淋上雪藏冬瓜封，即可享用。

素火腿小丁、紅蘿蔔小丁、豆干小丁、香菇小丁、罐頭玉米粒、白胡椒粉、鹽、糖。

青豆仁。

放入內餡、蒸冬瓜封。

青江菜裝飾。

移除鋼碗。

素蠔油。

太白粉水。

雪藏冬瓜封製作
動態 QRcode

CHAPTER

湯品 SOUP

SOUP/01

蔬菜高湯

使用材料 INGREDIENTS

食材
① 飲用水 6000cc
② 高麗菜（剝片） 1粒
③ 蘋果 1顆

調味料
④ 西芹（切塊） 50g
⑤ 紅蘿蔔（切塊） 50g
⑥ 香葉 5片

蔬菜高湯製作
動態 QRcode

步驟說明 STEP BY STEP

前置作業

01 將高麗菜剝片，紅蘿蔔、西芹切塊，備用。

烹煮、盛碗

02 將飲用水倒入鍋中。

03 加入高麗菜片、蘋果、香葉、西芹塊、紅蘿蔔塊。

04 以中火煮至滾後，以小火燉煮60分鐘。

05 以濾網為輔助，將蔬菜高湯濾出盛碗，即可使用。

02

03-1

03-2

03-3

04

05

SOUP/02

昆布高湯

使用材料 INGREDIENTS

① 飲用水 ······ 3000cc
② 昆布 ······ 150g
③ 白蘿蔔(切片) ······ 350g
④ 黃豆芽 ······ 150g

昆布高湯製作
動態 QRcode

步驟說明 STEP BY STEP

前置作業

01 將白蘿蔔去皮切片，備用。

02 將昆布以紙巾擦去表面灰塵，備用。

烹煮、盛碗

03 將飲用水倒入鍋中。

04 加入昆布、白蘿蔔片、黃豆芽。

05 以中火煮至滾後，以小火燉煮1小時。

06 以濾網為輔助，將昆布高湯濾出盛碗，即可使用。

酸辣湯

使用材料 INGREDIENTS

食材

①	飲用水 a	500cc
②	大白菜（切絲）	150g
③	紅蘿蔔（切絲）	50g
④	金針菇（切段）	100g
⑤	竹筍（切絲）	100g
⑥	生豆包（切絲）	1 個
⑦	乾木耳（切絲）	1 片
⑧	嫩豆腐（切條）	半盒
⑨	雞蛋	1 顆

調味料

⑩	醬油	1 大匙
⑪	白胡椒粉	1 小匙
⑫	鹽	1 大匙
⑬	糖	1 大匙
⑭	烏醋	1 大匙
⑮	白醋	1 大匙
⑯	香油	1 小匙
⑰	太白粉	適量
⑱	飲用水 b	適量

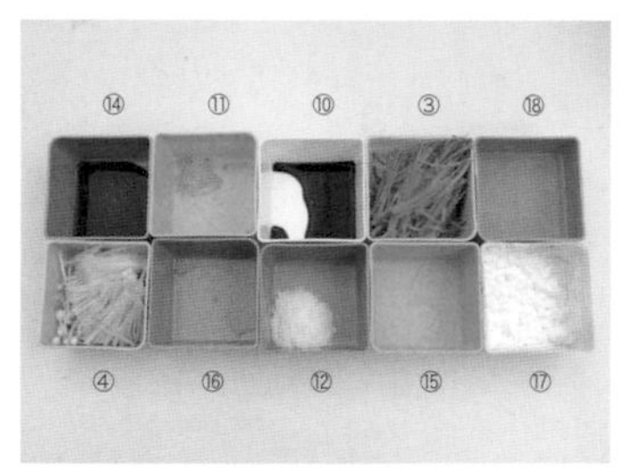

步驟說明 STEP BY STEP

前置作業

01 將乾木耳放入水中泡軟，備用。

02 將大白菜、竹筍、豆包、紅蘿蔔、木耳切絲，嫩豆腐切條，金針菇切段，備用。

03 在太白粉中加入飲用水b，調成太白粉水，備用。

04 將雞蛋以筷子打散，為蛋液，備用。

烹煮、盛碗

05 將飲用水a倒入鍋中，開火，加入大白菜絲。

03 太白粉水。

04 蛋液。

05 大白菜絲。

06 加入紅蘿蔔絲、金針菇段、竹筍絲、豆包絲、木耳絲、醬油、白胡椒粉，拌勻。

07 加入鹽，拌勻。

08 加入糖，拌勻。

09 加入嫩豆腐條後，拌勻，並煮至滾。

10 慢慢加入適量太白粉水，拌勻勾芡。

11 將蛋液劃圈倒入鍋中，並拌勻。

12 加入烏醋、白醋、香油，拌勻。

13 盛碗，即可享用。

紅蘿蔔絲、金針菇段、竹筍絲、豆包絲、木耳絲、醬油、白胡椒粉。

鹽。

嫩豆腐條。

太白粉水。

蛋液。

烏醋、白醋、香油，拌勻。

酸辣湯製作動態
QRcode

SOUP/04

巴西磨菇燉素雞盅

使用材料 INGREDIENTS

食材

① 薑(切片)……5g
② 山藥(切塊)……200g
③ 乾巴西磨菇……10朵
④ 素雞丁……100g
⑤ 枸杞……1g
⑥ 飲用水……1000cc

調味料

⑦ 香菇粉……2大匙
⑧ 鹽……1大匙
⑨ 米酒……1大匙

步驟說明 STEP BY STEP

前置作業

01 將乾巴西磨菇放入水中泡軟，備用。

02 將山藥去皮後，切滾刀塊；將薑切片，備用。

巴西磨菇燉素雞盅製作

03 將香菇粉倒入飲用水中拌勻。

04 加入鹽，拌勻，為湯底，備用。

05 取一容器，放入薑片。

06 加入山藥塊、巴西磨菇、素雞丁。

07 加入枸杞、湯底、米酒。

08 將容器蓋上兩層保鮮膜，放入蒸鍋，蒸1小時後取出。

09 掀開保鮮膜，即可享用。

03

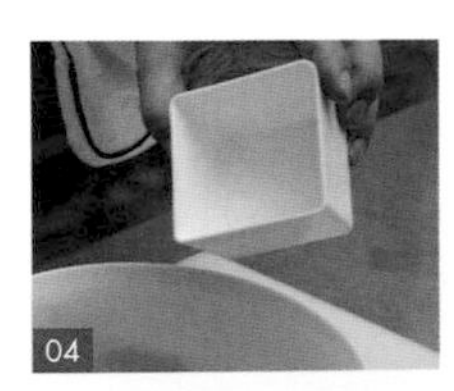
04

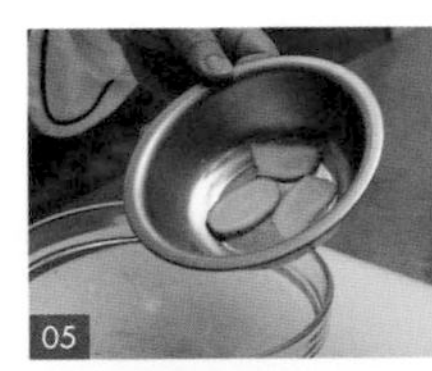
05

06

07

08

巴西磨菇燉素雞盅
製作動態 QRcode

SOUP/05

雙竹腰果盅

使用材料 INGREDIENTS

食材

① 杏鮑菇（切片）…… 50g
② 竹筍（切片）…… ¼ 支
③ 薑（切片）…… 10g
④ 竹笙（切段）… 5 個
⑤ 腰果 …… 40g
⑥ 蔬菜高湯 … 300cc（請參考 P.160 製作蔬菜高湯。）
⑦ 芹菜（切碎）…… 5g

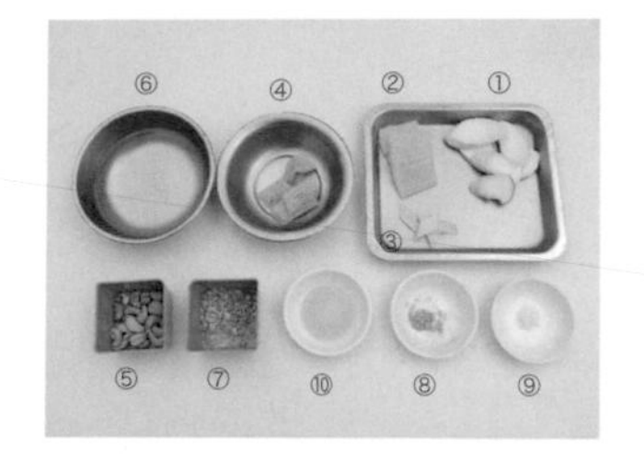

調味料

⑧ 白胡椒粉 … 1 小匙
⑨ 鹽 …… 1 小匙
⑩ 香油 …… 1 小匙

步驟說明 STEP BY STEP

前置作業

01 將竹笙放入水中泡軟後，取出。

02 將竹筍、杏鮑菇、薑切片，竹笙切段，芹菜切碎，備用。

雙竹腰果盅製作

03 取一燉盅，放入杏鮑菇片。

04 加入竹筍片、薑片、竹笙段、腰果。

05 加入胡椒粉、鹽、香油。

06 加入蔬菜高湯淹過食材。

07 將燉盅蓋上保鮮膜，放入蒸鍋，蒸1小時後取出。

08 掀開保鮮膜，撒上芹菜碎，即可享用。

03

04

雙竹腰果盅製作
動態 QRcode

05

06

07

08

SOUP/06

芋香鑲豆腐湯

使用材料 INGREDIENTS

食材		調味料	
① 芋頭(切片)	150g	⑦ 香菇粉	1 大匙
② 乾香菇(切丁)	3 朵	⑧ 太白粉	1 小匙
③ 油豆腐	10 塊	⑨ 白胡椒粉	1 小匙
④ 飲用水	500cc	⑩ 鹽	1 大匙
⑤ 白蘿蔔(切粗絲)	150g	⑪ 烏醋	1 大匙
⑥ 芹菜(切碎)	1 株	⑫ 香油	1 小匙

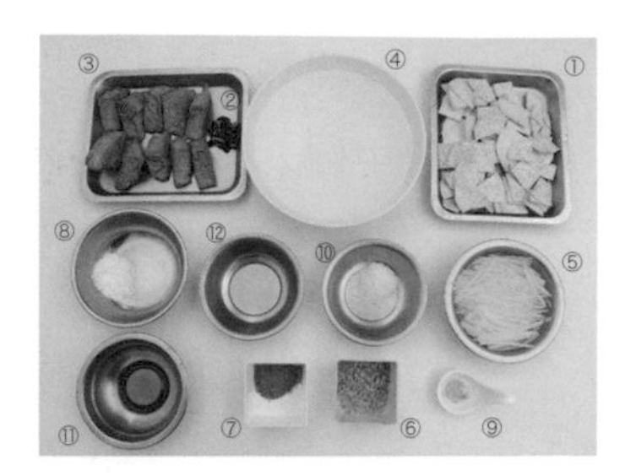

步驟說明 STEP BY STEP

前置作業

01 將乾香菇放入冷水中泡軟。

02 將芋頭去皮切片，白蘿蔔切粗絲，香菇切丁，芹菜切碎，備用。

芋香鑲豆腐製作

03 將芋頭片放入蒸鍋，蒸10分鐘後取出。

04 將芋頭片放入食物調理機中，打成泥狀，為芋泥，取出備用。

蒸芋頭片。

打成泥。

香菇丁。

食用油。

香菇粉。

倒入芋泥中。

太白粉。

剖開油豆腐。

05 熱鍋，放入香菇丁，炒香。

06 在鍋中倒入適量食用油，並炒勻。

07 加入香菇粉，炒勻。

08 將步驟5-7的食材倒入芋泥中。

09 加入太白粉，並以湯匙拌勻，為內餡，備用。

10 將油豆腐以刀尖剖開。

11 將內餡放入剖開的油豆腐中，芋香鑲豆腐製作完成。

烹煮、盛碗

12 將飲用水倒入鍋中，加入蘿蔔絲，煮滾。

13 加入芋香鑲豆腐、白胡椒粉、鹽。

14 盛碗後，加入烏醋。

15 撒上芹菜碎，即可享用。

芋香鑲豆腐湯
製作動態 QRcode

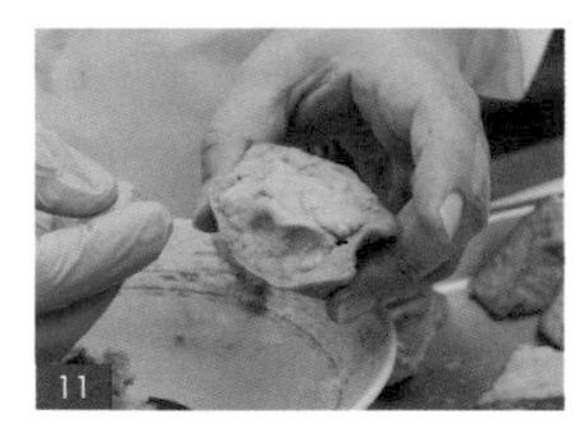

內餡。

蘿蔔絲。

芋香鑲豆腐、白胡椒粉、鹽。

烏醋。

芹菜碎。

SOUP / 07

玉米濃湯

使用材料 INGREDIENTS

食材

① 飲用水 a …… 1000cc
② 馬鈴薯（切小丁）1 個
③ 紅蘿蔔（切小丁）150g
④ 罐頭玉米粒 …… 200g
⑤ 玉米醬 …… 200g
⑥ 青豆仁 …… 50g

調味料

⑦ 糖 …… 1 小匙
⑧ 鹽 …… 1 大匙
⑨ 麵粉 …… 100g
⑩ 飲用水 b …… 4 大匙

步驟說明 STEP BY STEP

前置作業

01 將馬鈴薯、紅蘿蔔切成0.5公分小丁，備用。

02 在麵粉中加入飲用水b，調成麵粉水，備用。

烹煮、盛碗

03 將飲用水a倒入鍋中，開火，加入馬鈴薯丁、紅蘿蔔丁。

04 加入罐頭玉米粒、玉米醬、糖、鹽後，拌勻，並煮至滾。

05 慢慢加入適量麵粉水，拌勻勾芡，並持續攪拌至滾。

06 加入青豆仁，拌勻。

07 盛碗，即可享用。

玉米濃湯製作
動態 QRcode

02

03

04-1

04-2

04-3

04-4

05

06

素羊肉爐

使用材料 INGREDIENTS

食材

- ① 麻油 …… 2大匙
- ② 飲用水 …… 4000cc
- ③ 當歸 …… 2片
- ④ 紅棗 …… 5粒
- ⑤ 黃耆 …… 6片
- ⑥ 川芎 …… 5片
- ⑦ 熟地 …… ½片
- ⑧ 桂枝 …… 2g
- ⑨ 枸杞 …… 2g
- ⑩ 薑汁 …… 200cc
- ⑪ 高麗菜（切小片）…… 150g
- ⑫ 凍豆腐 …… 10塊
- ⑬ 素丸子 …… 150g
- ⑭ 素肉 …… 200g
- ⑮ 香菇頭 …… 200g
- ⑯ 老薑（切片）…… 30g
- ⑰ 芹菜（切段）…… 50g

調味料

- ⑱ 味精 …… 1大匙
- ⑲ 香菇粉 …… 2大匙
- ⑳ 鹽 …… ½大匙

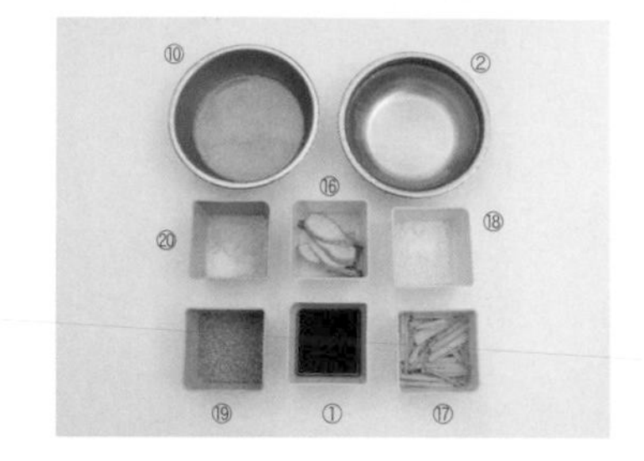

步驟說明 STEP BY STEP

前置作業

01 將高麗菜切小片，老薑切片，芹菜切段，備用。

烹煮

02 在鍋中倒入適量麻油後加熱。

麻油。

薑片。

飲用水。

素肉。

香菇頭。

當歸、紅棗、黃耆、川芎、熟地、桂枝、枸杞。

03　加入薑片爆香。

04　加入飲用水。

05　煮至水滾後，加入素肉川燙，撈起後，瀝乾水分。

06　加入香菇頭川燙，撈起後，瀝乾水分。

07　加入當歸、紅棗、黃耆、川芎、熟地、桂枝、枸杞，燉煮90分鐘。

08　加入薑汁、味精、香菇粉、鹽，為湯底。

組合、盛碗

09　取一容器，放入小片高麗菜鋪底。

10　加入凍豆腐、素丸子、素肉、香菇頭、薑片、湯底。

11　撒上芹菜段並煮至熟，即可享用。

素羊肉爐製作
動態 QRcode

薑汁、味精、香菇粉、鹽。

小片高麗菜。

凍豆腐、素丸子、素肉、香菇頭、薑片、湯底。

芹菜段。

SOUP/09

紅燒雪蓮羹

使用材料 INGREDIENTS

食材

① 飲用水 a ………… 700cc
② 乾香菇（切小丁）…… 100g
③ 草菇（切對半）……… 100g
④ 蓮子 ……………………… 100g
⑤ 雪蓮子 ………………… 150g
⑥ 素火腿（切小丁）…… 50g
⑦ 白木耳（切小丁）…… 30g
⑧ 青豆仁 ………………… 50g

調味料

⑨ 糖 ……………………… 1 大匙
⑩ 鹽 ……………………… 1 小匙
⑪ 香菇粉 ………………… 1 大匙
⑫ 白胡椒粉 ……………… 1 小匙
⑬ 蠔油 …………………… 1 大匙
⑭ 烏醋 …………………… 1 大匙
⑮ 白醋 …………………… 1 小匙
⑯ 香油 …………………… 1 小匙
⑰ 太白粉 ………………… 適量
⑱ 飲用水 b ……………… 適量

步驟說明 STEP BY STEP

前置作業

01 將乾香菇、白木耳分別放入冷水中泡軟。

02 將香菇、素火腿、白木耳切小丁，草菇切對半，備用。

03 在太白粉中加入飲用水b，調成太白粉水，備用。

烹煮、盛碗

04 準備一鍋水，煮滾，倒入香菇丁。

03

太白粉水。

04

香菇丁。

05 加入草菇、蓮子、雪蓮子、素火腿小丁、白木耳小丁。

06 將鍋內食材撈起後，瀝乾水分，為川燙食材，備用。

07 在鍋中倒入飲用水a，開火。

08 加入糖、鹽、香菇粉、白胡椒粉、蠔油、川燙食材、烏醋。

09 慢慢加入適量太白粉水，拌勻勾芡。

10 加入白醋、香油、青豆仁。

11 盛碗，即可享用。

紅燒雪蓮羹製作
動態 QRcode

草菇、蓮子、雪蓮子、素火腿小丁、白木耳小丁。

撈起，瀝乾。

飲用水a。

糖、鹽、香菇粉、白胡椒粉、蠔油、川燙食材、烏醋。

太白粉水。

白醋、香油、青豆仁。

基礎刀工

◆ 切片

01 取一白山藥，以菜刀去皮。

02 將白山藥切片。

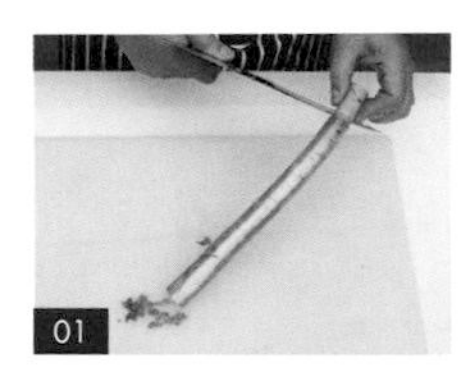

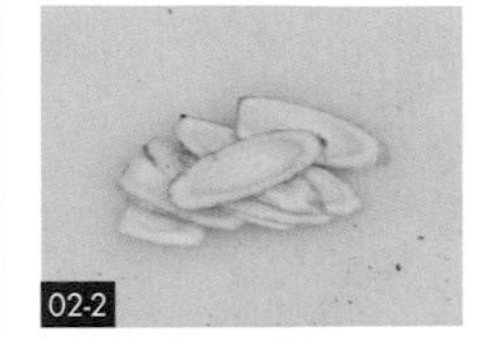

◆ 切條

01 取一削皮紅蘿蔔塊，切去四邊，呈長方形。

02 將紅蘿蔔塊切成長條。

03 重複步驟2，依序將紅蘿蔔切成長條。

◆ 切丁

01 將紅蘿蔔切成紅蘿蔔條。

02 將紅蘿蔔條切丁。

◆ 切末

01 將紅蘿蔔切薄片。

02 將紅蘿蔔片切絲，寬度與薄片相同。

03 將紅蘿蔔絲對齊後，切末，寬度與切絲相同。

切片
動態 QRcode

切條
動態 QRcode

切丁
動態 QRcode

切末
動態 QRcode

◆ 切滾刀

01 取一杏鮑菇，切出塊狀。

02 將杏鮑菇滾至切面朝上，切出塊狀。

03 重複步驟2，將杏鮑菇切滾刀。

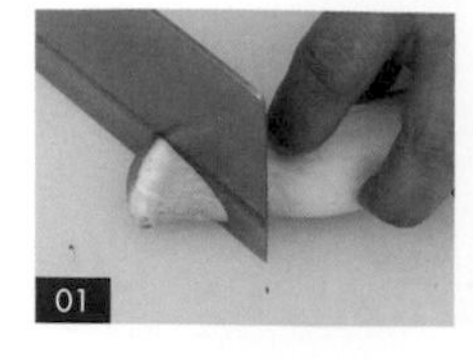

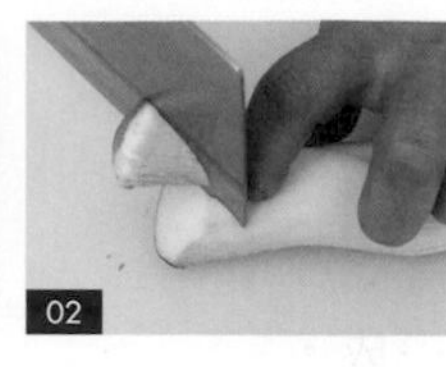

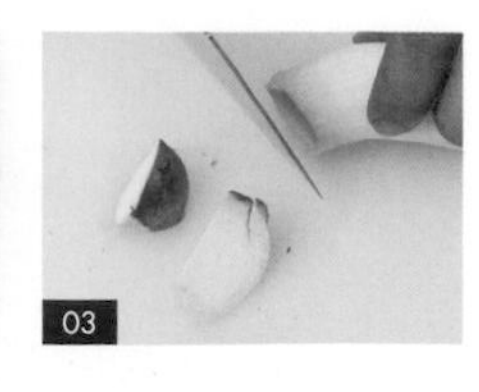

◆ 薑片

01 將薑去皮後，切除頭部、尾部。

02 切除四邊，呈菱形塊狀，為薑塊。

03 將薑塊切片。

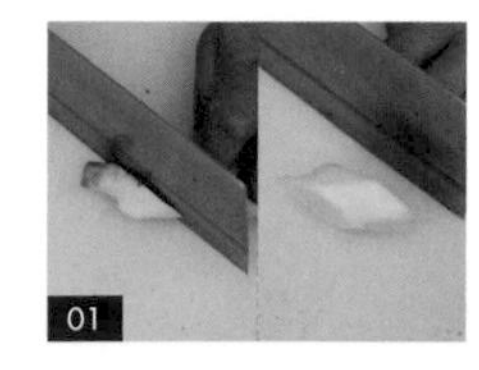

◆ 香菇切塊

01 將香菇切除蒂頭。

02 將香菇切塊。

03 如圖，香菇切塊完成。

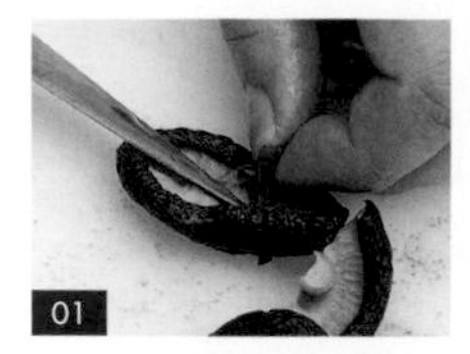

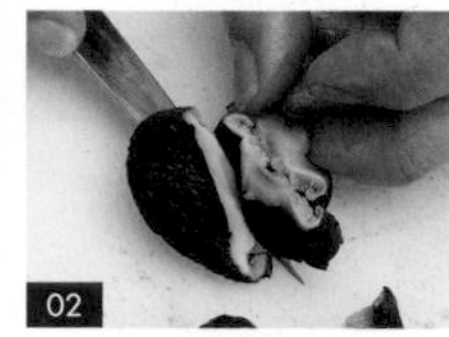

◆ 洋菇切片

01 取一洋菇，切除蒂頭。

02 將洋菇切片。

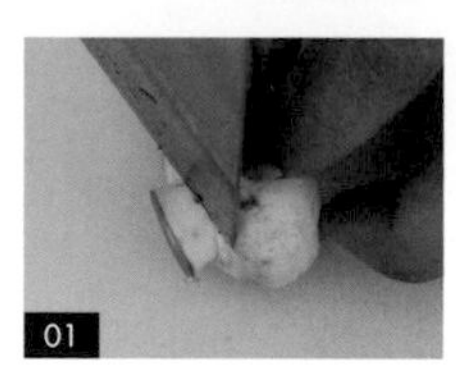

◆ 青花椰菜切小朵

01 將青花椰菜切小朵。

02 如圖，青花椰菜切小朵完成。

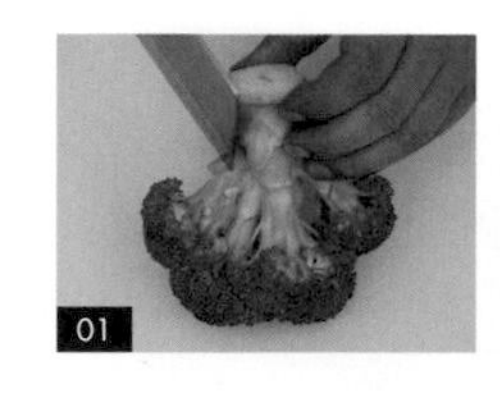

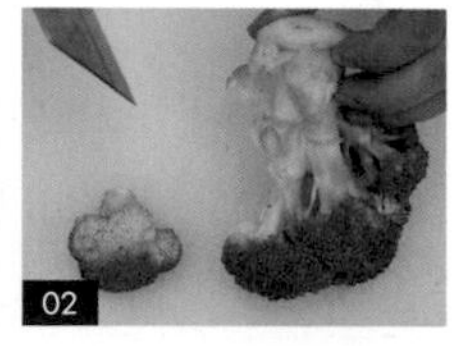

切滾刀
動態 QRcode

薑片
動態 QRcode

洋菇切片
動態 QRcode

嫩豆腐切丁
動態 QRcode

芥菜修邊
動態 QRcode

◆ 嫩豆腐切丁

01 取一盒嫩豆腐，切對半。

02 取一半嫩豆腐橫放，再切對半。

03 如圖，切對半完成。

04 將嫩豆腐切條。

05 將嫩豆腐切丁。

06 如圖，嫩豆腐切丁完成。

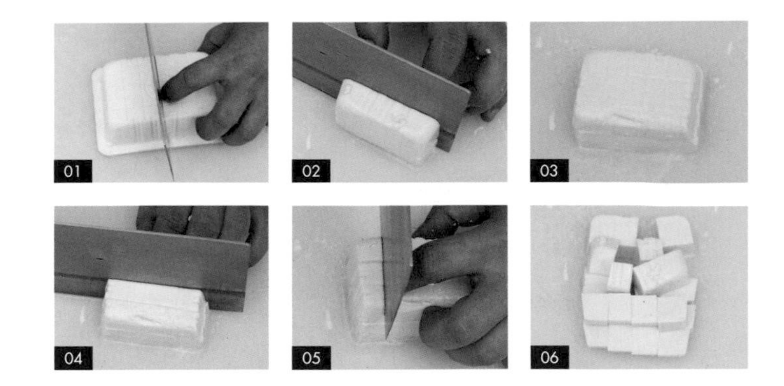

◆ 芥菜修邊

01 取一芥菜葉，上為A側，下為B側。

02 切除芥菜葉末端。

03 沿芥菜葉A側切直線至½處。

04 切至½處後，向右切弧線，以修整芥菜前端。

05 重複步驟從芥菜葉B側前端，向左切弧線。

06 重複步驟3，沿B側切直線。

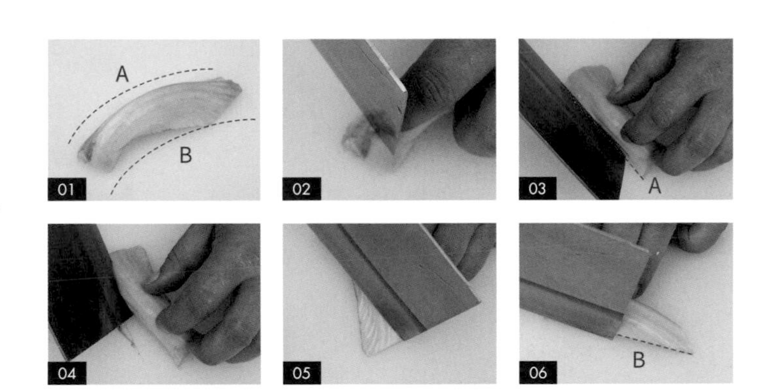

◆ 切魚形水花片

01 取一紅蘿蔔，切下一段。

02 將紅蘿蔔段對切，形成半圓柱體。

03 將紅蘿蔔切一斜角。

04 將長方形面朝上，在中間偏右側由上往下切直線，為線a。

05 在直線左側由左往右，以45度角斜切直線，為線b。

06 如圖，切出一角，為角①。角①左側為A端，右側為B端。

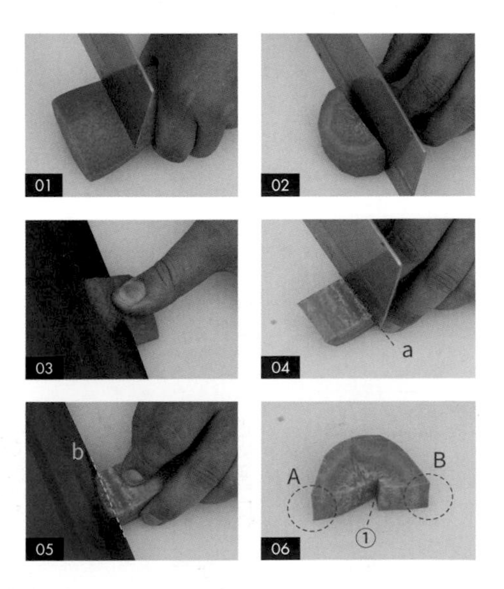

07 將紅蘿蔔B端切平。

08 將紅蘿蔔B端朝左，在B端右側以45度角由左往右斜切直線，為線c。

09 重複步驟8，將B端朝右，在線c左側由左往右斜切直線，為線d。

10 如圖，切出一角，為角②，完成魚尾及魚鰭。

11 將紅蘿蔔A端尖角切除。

12 將紅蘿蔔A端朝上，淺淺切出一角。

13 如圖，完成魚嘴。

14 重複步驟8-9，將魚嘴朝上，在魚嘴下方切出一角。

15 如圖，切出一角，為角③，完成魚下巴及魚腹。

16 重複步驟14-16，將魚嘴朝上，在魚嘴上方切出一角，為角④，完成魚頭。

17 將紅蘿蔔A端朝右，在魚頭左側順著圓弧面由右往左，切出一角。

18 重複步驟18，共切出5個角，角間間隔0.3公分，完成魚背。

19 將紅蘿蔔切片。

20 如圖，完成魚形水花片製作。

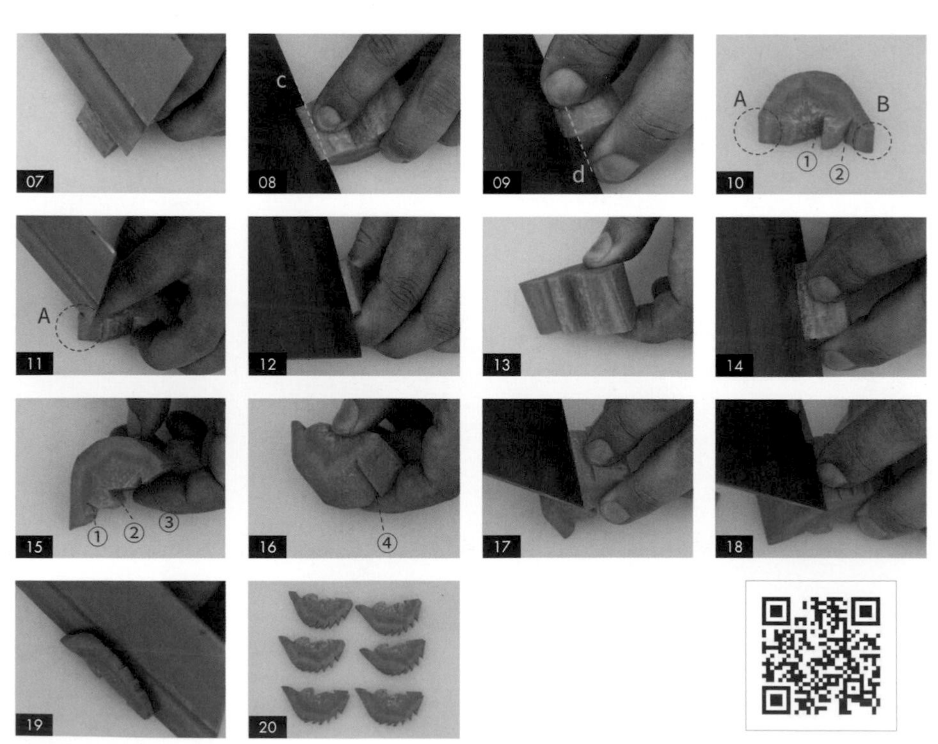

切魚形水花片
動態 QRcode

基礎介紹
BASIC INTRODUCTION

工具介紹

炒菜鍋

烹煮料理時使用。

不沾鍋

烹煮料理時使用。

漏杓

用來撈起油中的食材。

濾網

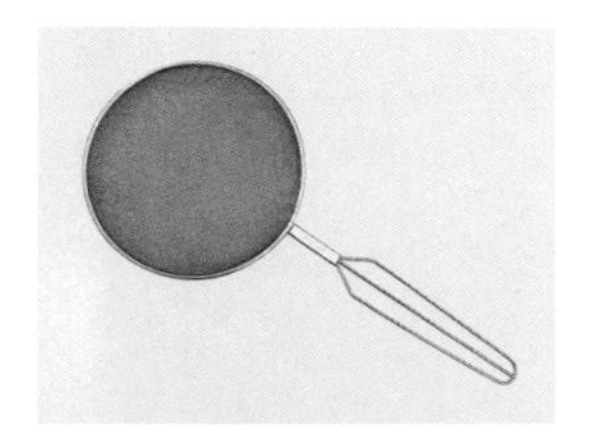

用來過濾食材。

鍋鏟

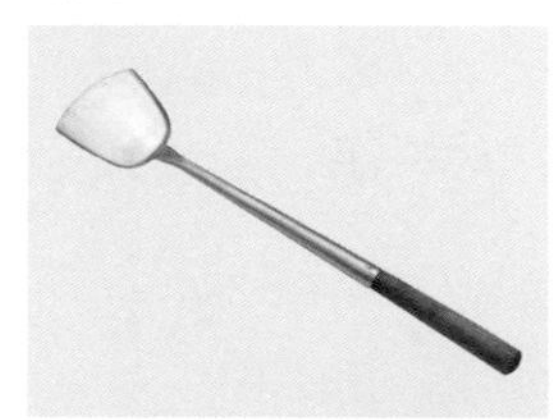

炒拌各式食材、調味料等，使它們能均勻混合。

筷子

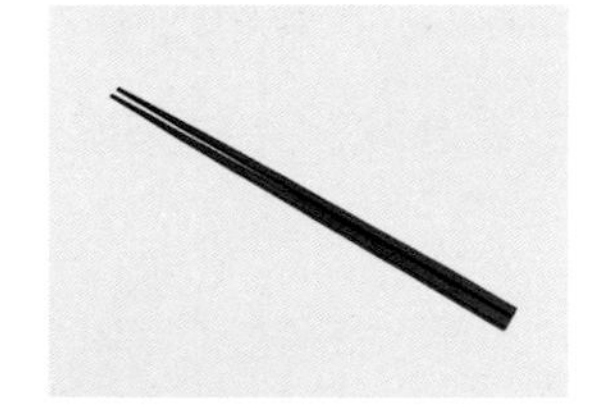

攪拌各式食材、調味料等，使它們能均勻混合。

湯杓

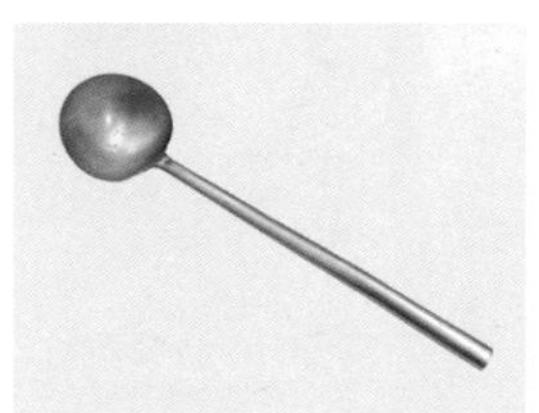

舀湯等液體類料理。

砧板

剁切食材時使用，以保護桌面。

菜刀

剁、切食材。

量匙

測量調味料的份量。

削皮器

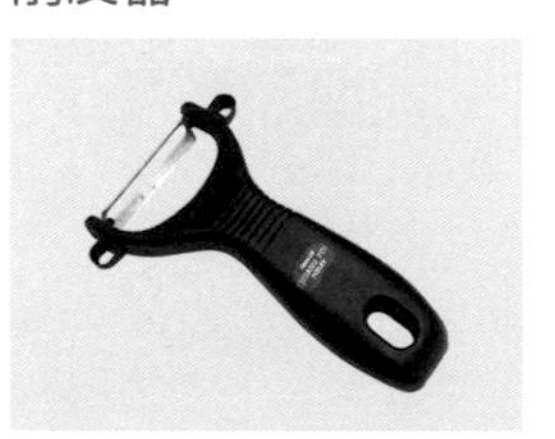

削去食材外皮時使用。

開罐器

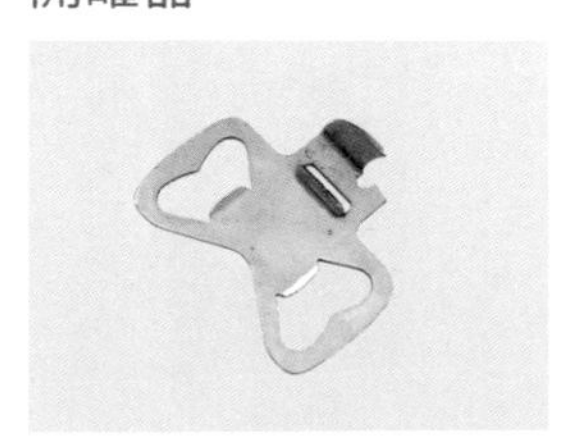

將瓶罐打開時使用。

食物調理機

用來將食物打成泥狀、碎狀。

電動打蛋器

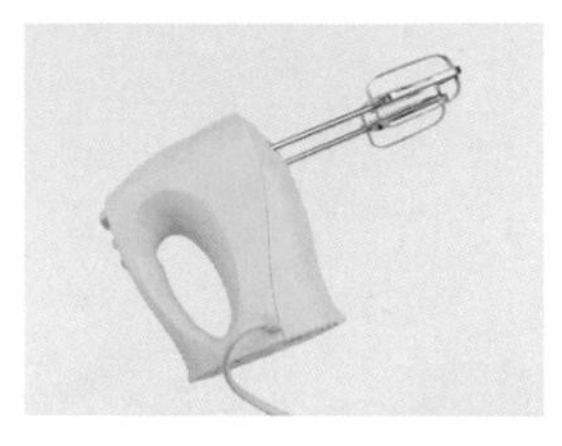

混合各式粉類，並製作成麵糊。

保鮮膜

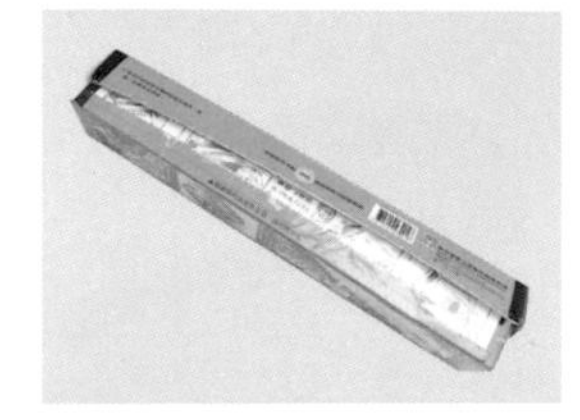

將食材放入蒸鍋時使用，防止水滴落到食材上。

塑膠袋

盛裝材料時使用，例如：美乃滋。

飯杓

盛飯時使用。

鑷子

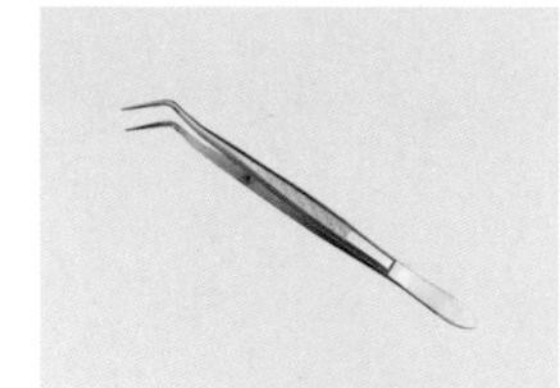

夾取食材時使用。

湯匙

攪拌各式食材、調味料等，使它們能均勻混合。

抹布

擦拭桌面時使用。

烤箱

將食材烤熟時使用。

蒸鍋

將食材蒸熟時使用。

烤盤

烘烤時使用，盛裝材料的器皿。

基礎介紹
BASIC INTRODUCTION

食材介紹

蔬菜類

四季豆

香菜

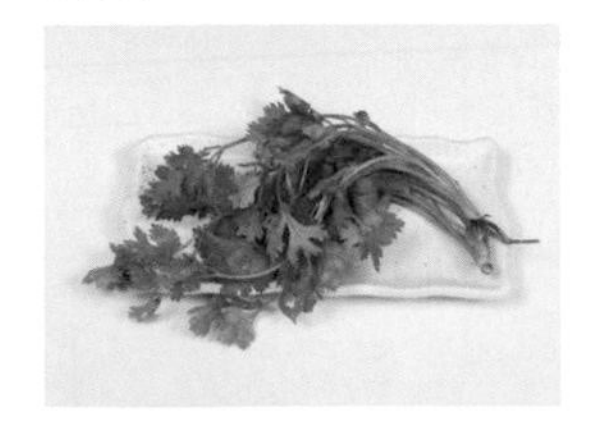

小黃瓜

芹菜

茄子

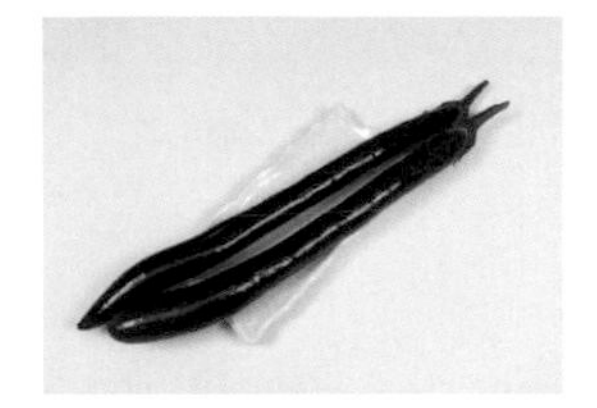

紅蘿蔔

西芹

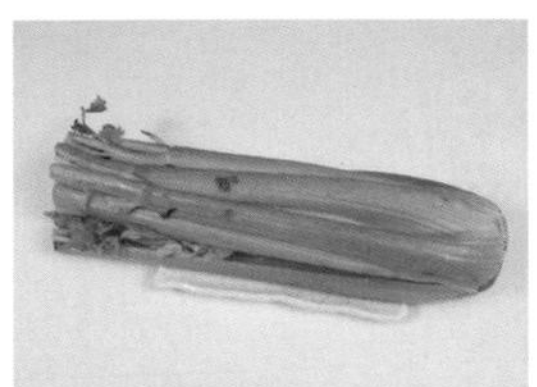

青花椰菜

馬鈴薯

紅甜椒

黃甜椒

玉米

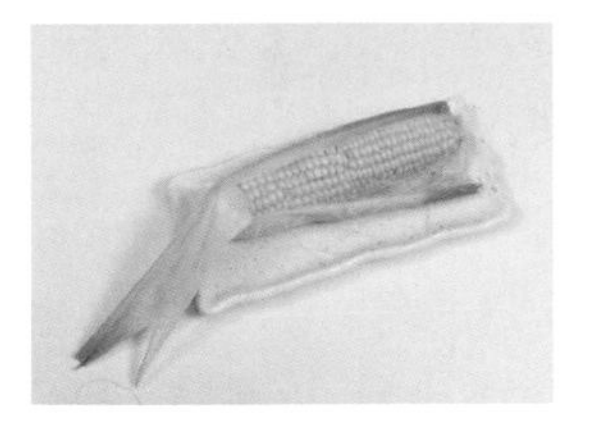

芋頭

栗子

櫛瓜

南瓜

馬蹄

箭筍

白花椰菜

高麗菜

竹筍

蘆筍

百合片

白山藥

苦瓜

大白菜

青江菜

冬瓜

美生菜

雪蓮子

紅菜

九層塔

豆芽菜

巴西利

小辣椒

老薑

甜玉米粒

辣椒

芥菜

水果、果汁類

牛番茄

鳳梨

愛文芒果

蘋果

酪梨

紅龍果

罐頭水蜜桃

檸檬汁

蕈菇類

蘑菇

杏鮑菇

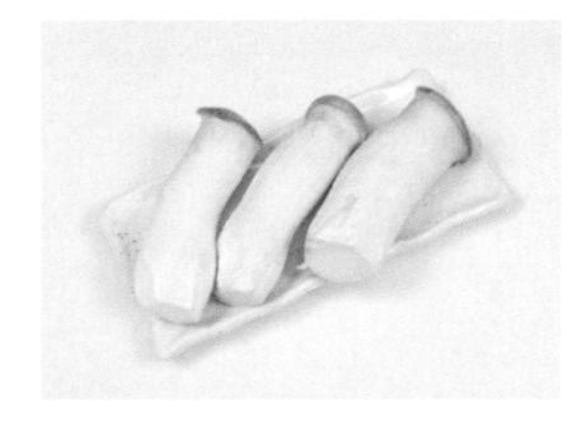

竹笙

草菇

金針菇

柳松菇

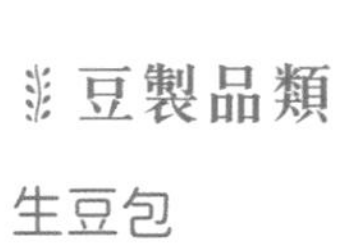

豆製品類

生豆包

板豆腐

豆干

百頁豆腐

腐皮

臭豆腐

油豆腐

凍豆腐

嫩豆腐

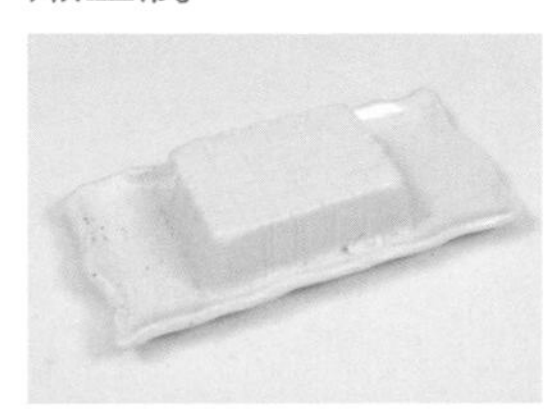

素肉類

素火腿

素肉

素碎肉

素雞丁

餅皮類

餛飩皮

春捲皮

酥皮

墨西哥餅皮

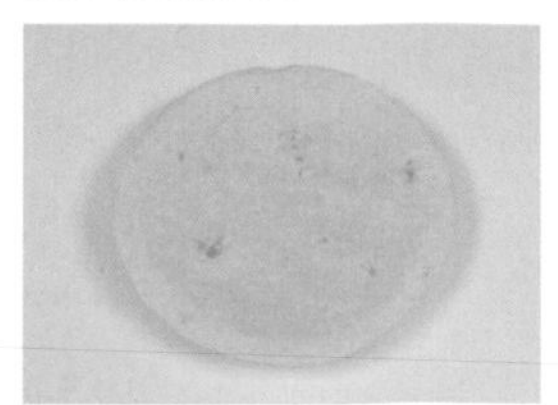

乾貨類

乾木耳

鮑魚菇

乾香菇

白木耳

乾巴西蘑菇

藥材類

川芎

紅棗

枸杞

當歸

八角

醃菜類

梅乾菜

白話梅

榨菜

筍乾

蘿蔔乾

酸黃瓜

冬菜

酸菜心

雪菜

堅果類

松子

杏角

杏片

香料、粉類

匈牙利紅椒粉

五香粉

辣椒粉

花椒粉

小茴香粉

黑胡椒粒

帕馬森起司粉

香葉

巴西利粉

迷迭香粉

薑黃粉

素香鬆

花椒

義式香料粉

麵粉

脆酥粉

麵包粉

調味醬料類

鹽

糖

香油

麻油

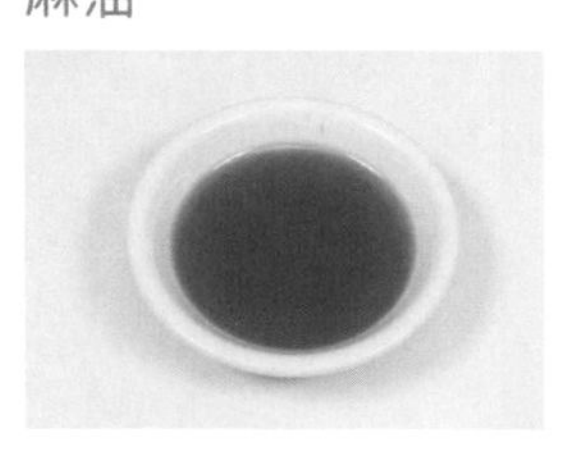

美極鮮味露

素蠔油

醬油

烏醋

素梅林辣醬油

香椿醬

法式芥末醬

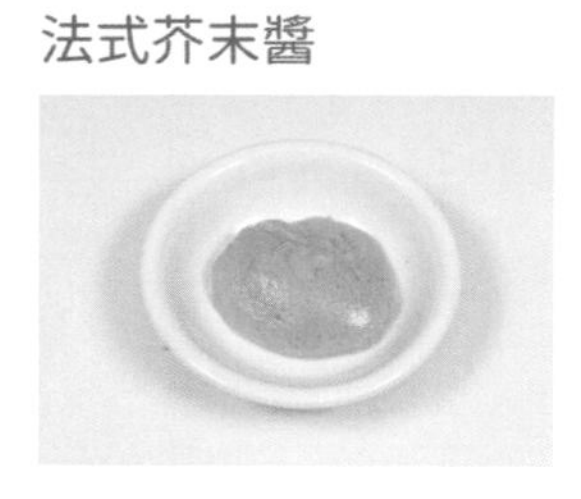

白酒醋

TABASCO 辣椒水

沙拉醬

豆瓣醬

紅酒醋

紅麴醬

玉米醬

白胡椒粉

番茄糊

其他

白飯

年糕

奶油

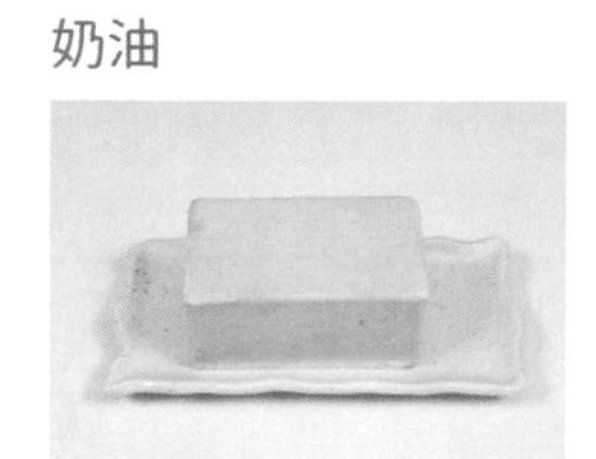

雞蛋

起司片

起司絲

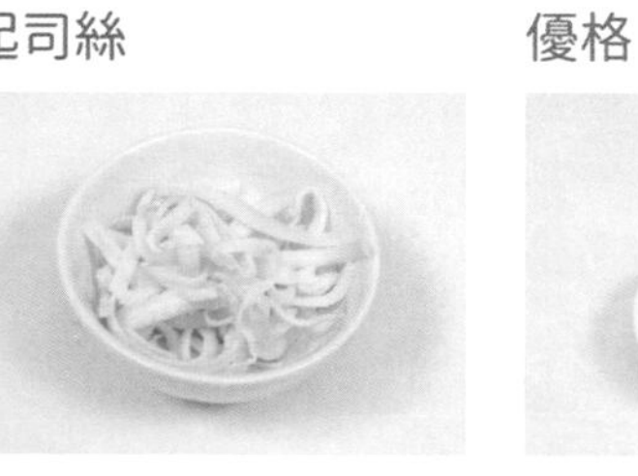

優格

燒海苔

翡翠

白芝麻

昆布

香菇素高湯

MY VEGETARIAN TABLE DAILY:

New vegetarian proposals for Chinese, exotic, vegetable and soup

我的素食餐桌日常

中式、異國、蔬食、湯品的素食新提案

書　　名　我的素食餐桌日常：
　　　　　中式、異國、蔬食、湯品的素食新提案

作　　者　關保祐

發 行 人　程安琪
總 策 劃　程顯灝
總 企 劃　盧美娜
主　　編　譽緻國際美學企業社・莊旻嬑
助理文編　譽緻國際美學企業社・黃郁誼、許雅容
美　　編　譽緻國際美學企業社・羅光宇
封面設計　洪瑞伯
攝 影 師　吳曜宇、黃世澤

藝文空間　三友藝文複合空間
地　　址　106 台北市安和路 2 段 213 號 9 樓
電　　話　（02）2377-1163

發 行 部　侯莉莉
出 版 者　橘子文化事業有限公司
總 代 理　三友圖書有限公司
地　　址　106 台北市安和路 2 段 213 號 4 樓
電　　話　（02）2377-4155
傳　　真　（02）2377-4355
E-mail　service @sanyau.com.tw
郵政劃撥　05844889 三友圖書有限公司

總 經 銷　大和書報圖書股份有限公司
地　　址　新北市新莊區五工五路 2 號
電　　話　（02）8990-2588
傳　　真　（02）2299-7900

初 版　2020 年 12 月
定 價　新臺幣 528 元
ISBN　978-986-364-172-8（平裝）

國家圖書館出版品預行編目（CIP）資料

我的素食餐桌日常：中式、異國、蔬食、湯品的素食新提案/關保祐作. -- 初版. -- 臺北市：橘子文化事業有限公司, 2020.12
面；　公分
ISBN 978-986-364-172-8(平裝)

1.素食2.素食食譜

427.31　　109016959

三友官網

三友 Line@